W0397048

Das typische Fahrzeug für Dorf-Feuerwehren hat 2011 die FF Landscheide erhalten – ein TSF-W. ADIK baute den Aufbau auf ein MAN-Fahrgestell TGL 8.180 4x2 BB mit dem standardmäßigen Radstand von 3300 mm. Mitgeführt werden 1000 l Wasser. Der handbetätigte Lichtmast trägt sechs Xenon-Scheinwerfer *(kli)*

© 2012

Verlag Podszun-Motorbücher GmbH
Elisabethstraße 23-25, D-59929 Brilon
Internet: www.podszun-verlag.de
Email: info@podszun-verlag.de

Herstellung Druckhaus Cramer, Greven

ISBN 978-3-86133-652-5

Zu den Umschlagbildern: Oben links: KLF 6 auf Opel-Blitz 1,75 t mit Ziegler-Aufbau der FF Neckartenzlingen, Baujahr 1955 *(tho)* Oben Mitte: WLF mit Holland Fire System der Feuerwehr Braunschweig *(thw)* Oben rechts: Eines der bislang wenigen Schlingmann-Fahrzeuge mit einer „Midship"-Pumpe erhielt 2011 die FF Oststeinbek (Kreis Stormarn, Schleswig-Holstein) an der östlichen Stadtgrenze Hamburg: HLF 20/16 auf MB Atego 1629 AF (Radstand 4160 mm), FPN 10-2000, Druckzumischanlage Automix 30 DE, 2400 l Wasser, 200 l Schaummittel, zwei Einpersonen-Haspeln, mechanische Leiterentnahmehilfe, kein (!) Leiteraufstieg zum Dach *(kli)* Unten: Die US-Army beschaffte 2011 bei Rosenbauer FLF 12000/1500 „Panther". Die Fahrzeuge sind auf einem Rosenbauer-Fahrgestell RBM 33.665 6x6 LHD mit Detroit-Dieselmotor aufgebaut und verfügen auf Kundenwunsch über die bisherige Kabinenform. An Löschmitteln werden 12 500 l Wasser und 1500 l Schaummittel mitgeführt. Die Rosenbauer-Feuerlöschkreiselpumpe R600 leistet 6200 l//min bei 11 bar. Zur weiteren Ausstattung gehören ein pneumatisch ausfahrbarer Lichtmast mit vier Xenon-Scheinwerfern und ein akkubetriebener hydraulischer Rettungssatz. Das abgebildete Fahrzeug ist am Stuttgart Army Airfield stationiert *(tho)*

Für die Richtigkeit von Informationen, Daten und Fakten kann keine Gewähr oder Haftung übernommen werden. Es ist nicht gestattet, Abbildungen oder Texte dieses Buches zu scannen, in PCs oder auf CDs zu speichern oder im Internet zu veröffentlichen.

2013 Jahrbuch Feuerwehr Fahrzeuge

PODSZUN

Liebe Leserin, lieber Leser!

Dies ist die 18. Ausgabe des Jahrbuchs Feuerwehrfahrzeuge. Wir freuen uns, Ihnen wieder interessante Themen rund um Ihr Hobby anbieten zu können. Dank gilt an dieser Stelle allen Autoren und Bildgebern, die in den letzten Wochen und Monaten mit Engagement und einer Menge Zeitaufwand gearbeitet haben, damit dieses Jahrbuch rechtzeitig zur Frankfurter Buchmesse erscheinen kann.

Dank gilt auch Ihnen, liebe Leserin, lieber Leser, für die Zuschriften oder Telefonate, in denen Sie Kritik und Zustimmung äußerten und Anregungen lieferten. Wir freuen uns auf den Kontakt mit Ihnen und sind gerne bereit, Ihre Wünsche zu berücksichtigen.

Aus Gründen der Lesbarkeit und der besseren Vergleichbarkeit zu historischen Angaben werden auch in diesem Jahrbuch alle Motorleistungsangaben in PS anstelle Kilowatt (kW) angegeben. Obwohl die Einheit Watt seit Jahrzehnten durch das so genannte SI-Einheitensystem als Einheit für die Arbeit und damit auch – als Kilowatt – für die Motorleistung festgeschrieben ist, lässt sich durch die PS-Angaben eine technische Entwicklung zwischen den vorgestellten Neufahrzeugen und Fahrzeugen in den historischen Artikeln besser darstellen. Zudem enthalten die Typbezeichnungen nahezu aller in Deutschland angebotenen Liefer- und Lastkraftwagen einen Hinweis auf die Motorleistung in PS (1 PS entspricht 0,74 kW).

Wir wünschen Ihnen viel Vergnügen mit dem Jahrbuch und nicht vergessen: das nächste Jahrbuch Feuerwehrfahrzeuge, die Ausgabe 2014, ist ab Oktober 2013 erhältlich.

Ihr Redaktionsteam „Jahrbuch Feuerwehrfahrzeuge"

P.S.

Sie können das Jahrbuch in Buchhandlungen oder direkt beim Verlag abonnieren.
Von den Ausgaben 2000, 2004, 2006, 2008, 2009, 2010, 2011 und 2012 sind noch einige Restexemplare lieferbar. Fordern Sie kostenlos und völlig unverbindlich unser Gesamtverzeichnis an mit Büchern über Schwertransporte, Baumaschinen, Lastwagen, Autos, Motorräder, Traktoren, Lokomotiven und Feuerwehrfahrzeuge:

Verlag Podszun-Motorbücher GmbH
Elisabethstraße 23-25, D-59929 Brilon, Telefon 02961/53213, Fax 02961/2508
Email: info@verlag-podszun.de, Internet: www.podszun-verlag.de

Jahresrückblick

2011

September

■ Gimaex International ist ein Joint Venture mit dem türkischen, 1985 gegründeten Aufbauhersteller Katmerciler Arac Ustu Ekipman Sanayi & Ticaret AS (Izmir) eingegangen. Dazu soll am Firmensitz in Izmir eine neue Produktionshalle in Betrieb genommen werden, um neue Vertriebspotenziale im arabisch-asiatischen Raum zu erschließen. Die Firma wird unter dem Namen Gimkat auf dem Markt auftreten.

■ Rückwirkend zum 1. Januar 2011 sind die beiden deutschen Tochtergesellschaften des Rosenbauer-Konzerns, Rosenbauer Deutschland GmbH und Rosenbauer Feuerwehrtechnik GmbH, fusioniert. Die neue Gesellschaft Rosenbauer Deutschland GmbH hat ihren Sitz in Luckenwalde.

Oktober

■ Die Firma Compoint Meisner & Merkel OHG bezieht einen neuen Firmensitz in Forchheim. Zuvor war die Firma, die vor allem Kleinfahrzeuge ausbaut, in Baiersdorf ansässig.

■ Zum 1. Oktober 2011 hat das vor allem für Funk- und Kommunikationslösungen bekannte Karlsruher Unternehmen Blickle & Scherer Kommunikationstechnik GmbH das operative Geschäft von Michael Schmidt Mobile Kommunikation GmbH (Frankenthal) übernommen. Das Unternehmen ist vor allem für den Ausbau von Einsatzleitwagen bekannt. Mit der Übernahme erfolgt eine Umbenennung in Schmidt Sonderfahrzeugbau GmbH sowie ein Umzug nach Karlsruhe.

November

■ Anfang des Monats wird über die Firma Albert Ziegler GmbH & Co. KG das Insolvenzverfahren eröffnet. Ende Oktober war zudem eine neue Vertriebsgesellschaft, die Ziegler Safety GmbH & Co. KG, für den Vertrieb von Feuerwehrfahrzeugen und -technik gegründet worden.

■ Die Teile 5, 11, 26 und 27 der DIN 14530 für LF 10, LF 20, HLF 10 und HLF 20 werden veröffentlicht.

■ Die Firma Empl weiht in Uderns, nahe dem Firmensitz im österreichischen Kaltenbach, eine eigene Teststrecke ein.

■ Am 17. November 2011 wird über die Firma Car + Camper Kiel GmbH das vorläufige Insolvenzverfahren eröffnet. Die Firma hatte den Auftrag zum Bau der SW-KatS gewonnen und den Prototyp 2010 bei der Interschutz vorgestellt.

Dezember

■ Aufgrund der Insolvenzeröffnung ist Ziegler als Gesellschafter beim Waldbrunner Aufbauhersteller Hensel Fahrzeugbau GmbH & Co. KG ausgeschieden. Ziegler war seit 1993 mit 50 Prozent an dem Unternehmen beteiligt.

2012

Februar

■ Die Norm-Entwürfe der DIN 14555-21 und -22 (GW-L1 und GW-L2) wurden veröffentlicht.

März

■ Das Bundeskartellamt hat das Verfahren im so genannten Löschfahrzeugkartell abgeschlossen und gegen Iveco Magirus Brandschutztechnik ein Rekordbußgeld in Höhe von 30 Millionen Euro verhängt. Das Unternehmen weist die Vorwürfe zurück und hat Einspruch gegen das Bußgeld eingelegt.

April

■ Gimaex International und Spartan Motors Inc. (USA) gründen ein Joint Venture zum Technologie-Transfer. Ein weiteres Joint Venture schloss Spartan mit Renault. Erstes gemeinsames Produkt ist ein WTLF auf Renault-Basis (Spartan R XO) für den US-Markt.

■ Rosenbauer und Hensel schließen eine Kooperationsvereinbarung ab. Hensel fertigt künftig in Kooperation mit Rosenbauer die GW-L1 und GW-L2 sowie länderspezifische Logistikfahrzeuge für den deutschen Markt. Dazu erhält das Unternehmen von Rosenbauer Aufbaukomponenten. Sonderfahrzeuge im Logistikbereich will Rosenbauer auch künftig weiter in Eigenregie produzieren.

Mai

■ Rosenbauer liefert das 1000. Flughafenlöschfahrzeug der Baureihe „Panther“ an den Flughafen London-Stansted aus.

■ Am 18. Mai wird das vorläufige Insolvenzverfahren über die Firma TDS Invents (Vastorf) eröffnet. Die Firma ist vor allem für den Ausbau von Einsatzleitwagen bekannt.

■ Iveco gibt die Verlagerung der Lkw-Produktion von Ulm nach Madrid bekannt. Dies hat auch Auswirkungen auf die Brandschutz Werke der Magirus Sparte. Es ist geplant, die Produktion der Werke in Weisweil, Görlitz und Chambéry nach Ulm zu verlagern. Eine Entscheidung steht bei Redaktionsschluss noch aus. Für das Werk Kainbach (bei Graz) ist die Entscheidung bereits gefallen: Dort bleibt nur noch der Vertrieb, Service und das „Finishing“ der Fahrzeuge für den österreichischen Markt.

■ Die DIN 75076 für Intensivtransportwagen wird veröffentlicht.

■ Binz Ambulance- und Umwelttechnik GmbH in Illmenau meldet Insolvenz an. Das Insolvenzverfahren wird in Eigenregie abgewickelt.

Dr. Andreas Klingelhöller, Jochen Thorns und Thorsten Waldmann

Neuheiten 2011 und 2012 in Deutschland

Einsatzleitfahrzeuge

In der Gruppe der Einsatzleitwagen gibt es kaum Veränderungen. Nach wie vor kommen bei den Kommandowagen alle gängigen Fabrikate zum Einsatz. Bei den Einsatzleitwagen gibt es eine gewisse Konzentration auf die Typen VW T5 und Mercedes-Benz Sprinter. Der mit dem Mercedes-Benz Sprinter baugleiche VW Crafter wird nur vergleichsweise selten zum Ausbau als ELW genutzt.

Gleich fünf PKW des Typs Smart Fortwo nutzt die BF Stuttgart. Die 2011 beschafften Fahrzeuge sind geleast
(tho)

Für den hauptamtlichen Leiter der Werkfeuerwehr der Sonderabfallverbrennungsanlage (SAVA) Brunsbüttel (Kreis Dithmarschen, Schleswig-Holstein) ist 2011 ein VW Golf VI 1.6 CDI Variant als KdoW beschafft worden
(kli)

Der Gemeindebrandmeister der Gemeinde Barsbüttel (Kreis Stormarn, Schleswig-Holstein) nutzt seit 2011 einen Volvo XC 60 D3 mit 2774 mm Radstand als KdoW. Das Fahrzeug ist im Gerätehaus der Ortsfeuerwehr Stellau untergestellt. Die Ausrüstung erfolgte durch den regionalen Volvo-Händler *(kli)*

Der Amtsleiter der BF Reutlingen erhielt 2012 diesen neuen KdoW auf Basis des MB C 250 CDI 4matic. Das Fahrzeug ist mit einem 204-PS-Dieselmotor ausgestattet. Ausbau: Haberl *(tho)*

Zwei baugleiche KdoW erhielt die Werkfeuerwehr des Flughafens Hannover-Langenhagen im Jahr 2012. Als Basis dienen Geländewagen des Typs Mercedes-Benz GLK 220 CDI 4matic, die äußere Gestaltung erfolgte durch Design 112. Über umfangreichere feuerwehrtechnische Einbauten – von Funk und Sondersignaleinrichtung abgesehen ver- fügen die Fahrzeuge nicht *(thw)*

An der Feuer- und Rettungswache 1 der BF Hannover ist 2011 als Führungsfahrzeug des E-Dienstes ein ELW 1 auf VW T5 2.0 TDI 4motion (Sieben-Gang-Direktschaltgetriebe, Radstand 3400 mm) stationiert worden. Der Ausbau stammt von GSF *(kli)*

Die BF Gelsenkirchen hat 2011 einen ELW 1 von GSF in Dienst gestellt und an der zentralen Feuer- und Rettungswache 2 stationiert. Besonderheit des VW T5 GP 2.0 TDI mit 140-PS-Motor (Radstand 3400 mm, zulässige Gesamtmasse 3200 kg) ist die selbstausrichtende Satelliten-Antenne, über die eine direkte Anbindung an den zentralen Einsatzleitrechner möglich ist *(kli)*

Die FF Rödermark (Landkreis Offenbach, Hessen) hat von Hensel 2012 einen ELW 1 mit Allradantrieb erhalten – MB Vito Mixto 116 CDI 4x4 (Radstand 3200 mm, zulässige Gesamtmasse 3050 kg). Die Beklebung des Fahrzeugs ist im Fahrzeugschein als „fluoreszierend gelbe Streifenapplikation" beschrieben
(kli)

Einen ELW 1 auf Basis des VW Crafter 35 (Facelift-Variante) mit mittellangem Radstand und Flachdach erhielt die Ortsfeuerwehr Fallersleben der FF Wolfsburg im Jahr 2012. Den Ausbau erstellte Bösenberg aus Hannover. Zur Ausstattung zählen ein Multifunktionsdrucker und ein PC-Eingang über USB-Anschluss
(thw)

Furtner und Ammer baute diesen ELW 1 für die FF Luckenwalde (Landkreis Teltow-Fläming, Brandenburg) auf einem MB Sprinter 315 CDI aus. Baujahr: 2011
(tho)

Die Werkfeuerwehr der Salzgitter AG erhielt 2012 diesen Mercedes-Benz Sprinter 316 CDI mit mittlerem Radstand und Flachdach. Den Ausbau zum Einsatzleitwagen ELW 1 fertigte die Firma Müller Fahrzeugbau aus Wülfrath *(thw)*

Die BF Köln hat 2012 für den Führungsdienst der Gruppe B im Umweltschutz einen ELW 1 in Dienst gestellt. WAS baute einen MB Sprinter 516 CDI aus. Im Heck sind unter anderem Detektions- und Messgeräte verlastet. Im mittleren Fahrzeugbereich befindet sich ein Einsatzleitplatz *(kli)*

Erstmals hat die FF Heide (Kreis Dithmarschen, Schleswig-Holstein) einen größeren ELW 1 beschafft. GSF baute 2012 einen MB Sprinter 316 CDI mit langem Radstand (4325 mm) aus. Von hinten ist der Funkraum (zwei Arbeitsplätze) zugänglich, von der rechten Seite der Besprechungsraum (fünf Plätze). Ausstattung unter anderem: fest eingebaute Funkgeräte (2 x 4 m, 2 x 2 m), GSM-Telefonanlage, zwei PC-Arbeitsplätze, Multifunktionslaserdrucker *(kli)*

Für die SEG Rettungsdienst der Feuerwehr Neumünster fertigte GSF 2011 einen ELW 1 auf einem MB Sprinter 316 CDI-Fahrgestell (Radstand 3665 mm) *(kli)*

Zum umfangreichen Erneuerungsprogramm des Fahrzeugbestands der FF der Stadt Obertshausen (Landkreis Offenbach, Hessen) gehörte 2011 auch der ELW 1 auf MB Sprinter 319 CDI-Fahrgestell (Radstand 3665 mm). Der Ausbau stammt von Hensel. Die ergänzenden Gerätschaften zum Betrieb des ELW sind im heckseitigen Geräteraum verlastet *(kli)*

Esser hat 2012 einen ELW 1 an die BF Bottrop geliefert: MB Sprinter 319 CDI 4x4 (Radstand 3665 mm). Das Fahrzeug steht dem diensthabenden C-Dienst zur Verfügung *(kli)*

Die WF Wacker Chemie AG in Burghausen (Landkreis Altötting, Bayern) stellte 2011 diesen ELW 1 in Dienst. Furtner + Ammer baute das Fahrzeug auf einem MB Sprinter 416 CDI aus. Besonderheit: Der Funkarbeitsraum kann vom Fahrerraum wie auch vom mittleren Bereich bedient und durch eine Jalousie abgetrennt werden *(tho)*

Tragkraftspritzen-, Staffel- und Löschgruppenfahrzeuge

Zur Gruppe der genormten Löschfahrzeuge gehören die Kleinlöschfahrzeuge, die Staffellöschfahrzeuge, die (Hilfeleistungs-)Löschgruppenfahrzeuge und die Tanklöschfahrzeuge. Bei fast allen Fahrzeugen haben sich 2011 und 2012 Änderungen ergeben beziehungsweise sind diese geplant. Bei den Löschgruppenfahrzeugen wurden die Normen der Löschgruppen- und der Hilfeleistungslöschgruppenfahrzeuge im November 2011 wieder gesplittet und für jeden Typ (LF 10, HLF 10, LF 20 und HLF 20) ein eigenes Normblatt herausgegeben. LF 10 und HLF 10 haben ein zulässiges Gesamtgewicht von 12 000 kg und einen Löschwasserbehälter von 1200 beziehungsweise 1000 l Inhalt. Das 14 500 kg schwere LF 20 führt mindestens 2000 l Löschwasser mit und das HLF 20 mindestens 1600 l Löschwasser bei einem zulässigen Gesamtgewicht von 15 Tonnen. Interessanterweise lauten die Fahrzeugbezeichnungen in der Regel noch auf die alten Normangaben (zum Beispiel HLF 20/16).

Die Namen des StLF 10/6 und des LF-KatS haben sich im September 2012 geändert. Das LF-KatS wird nun als LF 20 KatS bezeichnet, das StLF 10/6 heißt nun MLF (Mittleres Löschfahrzeug). Das zulässige Gesamtgewicht des KLF wurde zum gleichen Zeitpunkt auf 4750 kg erhöht und der

Die Abteilung Raitbach der FF Schopfheim (Landkreis Lörrach, Baden-Württemberg) erhielt im Februar 2012 dieses TSF auf einem Opel Movano F3500 mit einem Aufbau von Ziegler Rendsburg *(tho)*

Löschwasserbehälter auf 500 l vergrößert. Zudem wird im KLF nun eine Tragkraftspritze PFPN 10-1000 mitgeführt.

Der Bund liefert seit 2010 die neuen LF-KatS an die Feuerwehren aus. Lentner baut die Fahrzeuge auf MAN TGM 13.250 4x4 BL FW auf. Die Fahrzeuge verfügen über eine Feuerlöschkreiselpumpe FPN 10-2000, einen 1000 l fassenden Löschwasserbehälter und im Geräteraum GR über der Pumpe über fünf B-Schlauchtragekörbe mit je drei B-20-K-Druckschläuchen. Die Auslieferungen der geplanten 190 Fahrzeuge wurde im Berichtszeitraum weiter fortgesetzt.

Im Frühjahr 2012 konnte die FF Groß Sisbeck (Landkreis Helmstedt, Niedersachsen) ein neues TSF in Dienst nehmen. Das von Magirus Iveco Magirus Brandschutztechnik Görlitz auf einem VW Crafter 50 aufgebaute Fahrzeug verfügt als Besonderheit über eine im Geräteraum 1 eingeschobene mobile Hochdrucklöschanlage des Typs Callies Powerpack 100; zusätzlich ist im Heck eine PFPN 10-1000 verlastet *(thw)*

Als Ersatz für ein älteres LF 8 erhielt die FF Weddel (Landkreis Wolfenbüttel, Niedersachsen) 2011 dieses TSF-W mit Ziegler-Aufbau auf MAN TGL 8.180 4x2 BB. Der Löschwasserbehälter fasst 1000 l. Weitere Ausstattungsmerkmale sind ein Stromerzeuger mit 6,5 kVA Leistung, eine Tauchpumpe und ein Lichtmast mit zwei Xenon-Scheinwerfern *(thw)*

Die Abteilung Ringingen der FF Erbach (Alb-Donau-Kreis, Baden-Württemberg) stellte 2012 dieses StLF 10/6 in Dienst. Magirus erstellte den Aufbau auf einem Iveco Daily 70 C 17, der mit einem Achleitner-Allradantrieb ausgerüstet ist. Neben 800 l Löschwasser werden eine FPN 10-1000, eine 2-kVA-Dynawatt-Anlage, ein Lichtmast mit vier Xenon-Strahlern und zwei Pressluftatmer im Mannschaftsraum mitgeführt *(tho)*

Auf einem Iveco Daily 70 C 17 mit automatisiertem Schaltgetriebe baute Walser 2011 dieses StLF 10/6 der FF Frickenhausen, Abteilung Tischardt (Landkreis Esslingen, Baden-Württemberg), auf. Das Fahrzeug mit einer zulässigen Gesamtmasse von 7000 kg verfügt über eine FPN 10-1000, einen 800-l-Löschwasserbehälter und einen pneumatisch ausfahrbaren Lichtmast mit vier Xenon-Strahlern *(tho)*

Ein Staffellöschfahrzeug StLF 10/6 ersetzte bei der Ortsfeuerwehr Gebhardshagen der FF Salzgitter ein LF 16 auf MAN Haubenfahrgestell. Das 2010 gebaute ehemalige Vorführfahrzeug, ein MAN TGL 8.180 4x2 BL mit Ziegler-Aufbau, wurde im Sommer 2011 in Dienst gestellt. Die FPN ist vom Typ 10-1000, der Löschwasserbehälter weist 800 l Fassungsvermögen auf *(thw)*

Die FF Kuden (Kreis Dithmarschen, Schleswig-Holstein) hat 2012 ein StLF 10/6 mit Schlingmann-Aufbau in Dienst gestellt – Fahrgestell MAN TGL 8.180 4x2 BL (Radstand 3300 mm). Im Löschwasserbehälter werden 600 l Wasser mitgeführt. Verbaut ist eine FPN 10-1000; im Aufbau befindet sich auch ein Hygieneboard *(kli)*

Optisch bemerkenswert ist das 2012 gelieferte und in Dienst gestellte MLF (Hersteller-Bezeichnung StLF-Sonder) der FF Lüdenscheid (Märkischer Kreis, Nordrhein-Westfalen) mit „Schweizer Breite". Schlingmann baute dieses kompakte Fahrzeug für den Schwerpunkt Brandbekämpfung auf einem MAN-Fahrgestell TGM 13.290 4x4 BL FW auf. Konfiguration: FPN 10-2000, Löschwasserbehälter 1800 l, Multifunktionsleiter *(kli)*

Eines der ersten tatsächlich ausgelieferten Fahrzeuge mit dem „Z-Cab“-Mannschaftsraummodul von Ziegler hat 2012 die FF Hohenfelde (Kreis Plön, Schleswig-Holstein) erhalten – das LF 10/6 auf MB Atego 1526 AF-Fahrgestell ist das erste seiner Art in Schleswig-Holstein. Es ist ausgestattet mit einer FPN 10-1000 und einem 1200 l fassenden Löschwasserbehälter *(kli)*

Walser baute das LF 10/6 der FF Bösenreutin (Landkreis Lindau, Bayern) auf einem MAN TGL 12.250 4x2 BB mit automatisiertem Schaltgetriebe auf. Ausstattung: 1200-l-Löschwasserbehälter, FPN 10-1000, vier Pressluftatmer im Mannschaftsraum, Lichtmast mit vier Xenon-Strahlern, Tragkraftspritze, Schmutzwasserpumpe *(tho)*

Die Feuerwehr Köln beschaffte für die Löschgruppen der Freiwilligen Feuerwehr in den Jahren 2011 und 2012 insgesamt neun LF 10/6 mit Lentner-Aufbau auf Basis des MAN TGL 12.250 4x2 BB. Die Fahrzeuge verfügen über eine FPN 10-2000, einen 1000-l-Löschwasserbehälter, eine Einpersonen-Haspel am Heck sowie eine Schiebleiter. Abgebildet ist das Fahrzeug der Löschgruppe Holweide, Baujahr 2011 *(tho)*

Das LF 10/6 der Löschgruppe Strunden der FF Köln wurde von Lentner auf einem MAN TGM 13.250 4x4 BB aufgebaut. Ausstattung: FPN 10-2000, 1000-l-Löschwasserbehälter, Schiebleiter. Im Gegensatz zu den Kölner LF 10/6 mit Straßenantrieb wird keine Einpersonen-Haspel mitgeführt. Baujahr: 2011 *(tho)*

2011 erhielt die Ortsfeuerwehr Bündheim-Schlewecke (Stadt Bad Harzburg, Niedersachsen) dieses LF 10/6 auf einem MAN TGM 13.290 4x4 BL FW mit Ziegler-Aufbau. Zur Beladung zählen ein Eisemann-Stromerzeuger Typ BSKA 13, ein Leader-Überdrucklüfter, eine Einrichtung zur schnellen Wasserabgabe und zwei Einpersonen-Haspeln. Der Löschwasserbehälter fasst 2000 l, die eingebaute Pumpe ist vom Typ FPN 10-2000, die TS eine PFPN 10-1000 *(thw)*

Die FF Oker (Landkreis Goslar, Niedersachsen) konnte 2011 ein neues LF 10/6 in Dienst stellen. Rosenbauer Feuerwehrtechnik erstellte den Aufbau auf einem MAN TGM 13.290 4x4 BL mit Einzelbereifung. Als Feuerlöschkreiselpumpe wurde eine FPN 10-2000 verbaut; der Löschwasserbehälter ist für 1600 l ausgelegt. Über eine Tragkraftspritze verfügt das Fahrzeug nicht *(thw)*

Die FF-Abteilung Büsnau der Feuerwehr Stuttgart erhielt 2011 dieses HLF 10/6. Ziegler realisierte den Aufbau auf Basis eines MB Atego 1226 F. Zur Ausstattung gehören eine FPN 10-2000, ein 1200-l-Löschwasserbehälter und eine Schiebleiter *(tho)*

2011 wurde das neue HLF 20/10 der WF Volkswagen Nutzfahrzeuge in Hannover gebaut. Den Aufbau erstellte die Firma Schlingmann auf einem MAN TGL 12.220 4x2 BB mit einer zulässigen Gesamtmasse von 11 990 kg. Die FPN ist vom Typ 10-2000, der Löschwasservorrat beträgt 1000 l, der Schaummittelvorrat 100 l. Zur Beladung zählen ein hydraulisches Schneidgerät Weber S 165, ein Spreizer SP 40-EN, mehrere Rettungszylinder und eine Säbelsäge. Eine Schiebleiter wird nicht mitgeführt, jedoch vier Steckleiterteile. Um ein Einfahren in die Produktionshallen zu ermöglichen, wurde das HLF in niedriger Bauart konzipiert *(thw)*

Auf dem facegelifteten MB Atego 1629 AF baute Magirus 2011 dieses LF 20/16 für die FF Vörstetten (Landkreis Emmendingen, Baden-Württemberg) auf. Ausstattung: FPN 10-2000, 2300-l-Löschwasserbehälter, 120-l-Schaummitteltank, fest eingebauter Zumischer Z4R, pneumatisch ausfahrbarer Lichtmast mit je zwei Xenon- und 1500-Watt-Flutlichtscheinwerfern, vier Pressluftatmer im Mannschaftsraum; Zusatzbeladung: Hebekissen, Wassersauger *(tho)*

Zeitlich verzögert erhielt die FF Rendsburg (Kreis Rendsburg-Eckernförde, Schleswig-Holstein) von Ziegler ihr LF 20/16. Vor der geplanten Auslieferung unterbrach die Eröffnung eines Insolvenzverfahrens den regulären Geschäftsverkehr. Nach Klärung der Auslieferungsbedingungen konnte das 2011 gebaute Fahrzeug dann im Frühjahr 2012 in Dienst gestellt werden. Fahrgestell: MAN TGM 13.290 4x4 BL FW (Radstand 3950 mm), FPN 10-2000, 2000-l-Löschwasserbehälter, Hilfeleistungssatz, zwei Einpersonen-Haspeln *(kli)*

Mit der Z-Cab von Ziegler ist das neue LF 20/16 der FF Seesen (Landkreis Goslar, Niedersachsen) ausgerüstet. Das Fahrgestell des 2012 gebauten Fahrzeuges ist ein MAN TGM 13.290 4x4 BL FW. Die Feuerlöschkreiselpumpe ist normgerecht vom Typ FPN 10-2000, der Löschwasserbehälter fasst 3000 l. Beide heckseitig angebauten B-Schlauchhaspeln sind auf Wunsch der Feuerwehr schwenkbar ausgeführt *(thw)*

Entgegen der Ankündigung während der Interschutz 2010 produziert Rosenbauer in Luckenwalde die ES-Baureihe nach wie vor. Die FF Langelsheim im Landkreis Goslar erhielt im Frühjahr 2012 dieses LF 20/16 auf einem MAN TGM 13.290 4x4 BL FW. Wegen niedriger Tore im Feuerwehrhaus musste auf die Schiebleiter verzichtet werden (die Ortsfeuerwehr verfügt auch noch über ein LF 16/12 mit Schiebleiter). FPN 10-2000, 3000-l-Löschwasserbehälter, 200-l-Schaummitteltank *(thw)*

Der erste „neue AT" von Rosenbauer für eine niedersächsische Feuerwehr, ein LF 20/16, wurde 2011 an die FF Bröckel (Landkreis Celle) geliefert. Der MAN TGM 13.290 4x4 BL FW weist eine zulässige Gesamtmasse von 15 500 kg auf. Das Fahrzeug wurde bei Rosenbauer Feuerwehrtechnik in Luckenwalde gebaut. FPN 10-2000, Löschwasserbehälter: 3180 l
(thw)

Das erste Fahrzeug mit einem neuen AT-Aufbau von Rosenbauer in Deutschland, das aus der Produktion des Rosenbauer-Werkes in Leonding stammt, erhielt 2011 die Staatliche Feuerwehrschule Regensburg. Der MB Atego 1529 AF wurde als HLF 20/16 aufgebaut und verfügt über einen 1600-l-Löschwasserbehälter, einen 200-l-Schaummitteltank, eine Digidos-Schaumzumischeinrichtung und eine Feuerlöschkreiselpumpe N35
(tho)

Für den Löschzug der Feuerwache Süd erhielt die BF Magdeburg 2011 ein neues HLF 20/16. Das von Schlingmann auf MB Atego 1529 AF aufgebaute Fahrzeug ist mit einer FPN 10-2000 ausgestattet, als Löschmittel werden 2000 l Wasser und 200 l Schaummittel im Tank mitgeführt. Das hydraulische Schneidgerät ist vom Typ Weber S 200-49, der Spreizer ein Weber SP 40
(thw)

Als Ersatz für zwei ältere LF 8 erhielt die FF Wathlingen (Landkreis Celle; Niedersachsen) im Jahr 2011 dieses HLF 20/16 auf MAN TGM 13.290 4x4 BL FW mit Schlingmann-Aufbau. Die FPN ist vom Typ 10-2000, es werden 2000 l Löschwasser mitgeführt. Zur umfangreichen Beladung zählen sechs Pressluftatmer mit Reserveflaschen, eine Ziegler-TS, ein Schneidgerät Weber S 180-EN, ein Spreizer Weber SP 40 und ein 8-kVA-Stromerzeuger *(thw)*

Zwei baugleiche HLF 20/16 stellte die BF Wolfsburg 2011 in ihrem Löschzug in Dienst. Ziegler erstellte die Aufbauten auf MB Atego 1529 AF. Die FPN ist vom Typ 10-2000, der Löschwasserbehälter fasst 2000 l. Beide Fahrzeuge sind mit Maxwald-Vorbauseilwinden (60 kN) ausgerüstet. Zur Beladung zählen unter anderem Schneidgerät Weber RS 200-107, Spreizer Weber SP 40, Sprungretter, Überdrucklüfter und Wassersauger. Im Mannschaftsraum sind fünf Pressluftatmer vorhanden (davon zwei Langzeit-PA für den Sicherungstrupp) *(thw)*

Die FF Schuby (Kreis Schleswig-Flensburg, Schleswig-Holstein) hat 2011 ein HLF 20/16 in Dienst gestellt – MB Atego 1629 AF (Radstand 4160 mm), Ziegler-Aufbau, FPN 10-2000, Druckzumischanlage, 2000 l Wasser, 120 l Schaummittel, Zugeinrichtung Rotzler TR 030/6 *(kli)*

Eine umfangreiche Ausrüstung zur Technischen Hilfeleistung führt das HLF 20/16 der FF Hochdorf (Landkreis Esslingen, Baden-Württemberg) mit, unter anderem Hilfeleistungssatz, Wassersauger, Tauchpumpe, Schmutzwasserpumpe, Notfallrucksack. Der MB Atego 1629 AF wurde 2011 von Magirus aufgebaut. Weitere Ausstattung: FPN 10-2000, 1600-l-Löschwasserbehälter, 120-l-Schaummitteltank, Zumischeinrichtung: FireDos FD 1000, pneumatisch ausfahrbarer Lichtmast mit zwei 1000-Watt-Scheinwerfern *(tho)*

Zeitgleich hat die FF Neu-Isenburg (Landkreis Offenbach, Hessen) zwei HLF 20/16 (MAN TGM 13.290 4x4 BL FW, zulässige Gesamtmasse 15 000 kg, automatisiertes Schaltgetriebe Tipmatic) mit Empl-Aufbau bauen lassen. Austattung: FPN 10-2000 (PF Jöhstadt), Druckzumischanlage Makromix 24, abnehmbarer Dachwerfer AWG HH 1260, 1600 l Wasser, 150 l Schaummittel (100 l Class-A, 50 l AFFF), Lichtmast mit zwei 1500-W-Flutlichtscheinwerfern, Dynawattanlage „Mobil E 7500“, Schnellangriffshaspeln Strom und Luft, zwei Einpersonen-Haspeln (Schlauch, Verkehrsabsicherung). Bei dem abgebildeten Fahrzeug ist eine elektrisch angetriebene Maxwald-Frontseilwinde (54 kN Zugkraft) verbaut *(kli)*

HLF 20/16 der FF Pfaffenhausen (Landkreis Unterallgäu, Bayern). Walser erstellte den Aufbau 2012 auf einem MAN TGM 13.290 4x4 BL mit automatisiertem Schaltgetriebe und einem Radstand von 4250 mm. Ausstattung: FPN 10-2000, Schaumzumischanlage FireDos FD 1600, 2000-l-Löschwasserbehälter, 120-l-Schaummitteltank, Lichtmast mit sechs Xenon-Strahlern. Auf das Aufbaudach führt eine feste Verrohrung für einen Wasserwerfer *(tho)*

Das abgebildete HLF 20/16 der BF Hannover auf MAN TGM 18.340 4x2 BL (Radstand 4200 mm, zulässige Gesamtmasse 18 000 kg) ist eins von zwei Ende 2010 gebauten und 2011 in Dienst gestellten Fahrzeugen. Der Aufbau stammt von Rosenbauer – FPN 10-2000 (Rosenbauer N 25), 2000-l-Löschwasserbehälter, 200-l-Schaummitteltank, Digidos-Schaumzumischanlage, Werfer RM 24, Rotzler-Seilwinde TR 030/6 (50 kN), Lichtmast mit sechs Xenon-Strahlern, zwei Einpersonen-Haspeln *(kli)*

Zwei baugleiche HLF 20/16 (Typschild: LF 20/16) erhielt die Feuerwehr Hildesheim 2011. Ungewöhnlich sind die schweren Fahrgestelle mit Einzelbereifung vom Typ MAN TGM 18.340 4x4 BB mit 3600 mm Radstand (die zulässige Gesamtmasse beträgt allerdings 16 000 kg). Die Aufbauten vom Typ „Neuer AT" wurden bei Rosenbauer Feuerwehrtechnik gebaut; die leistungsfähigen Feuerlöschkreiselpumpen sind vom Typ FPN 10-3000 (Rosenbauer N 35). Weitere Daten: 2000 l Löschwasser, umfangreiche TH-Ausstattung, maschinelle Zugeinrichtung Rotzler TR 030/6 mit 50 kN Nennzugkraft *(thw)*

2012 hat auch die FF Neuruppin (Landkreis Ostprignitz-Ruppin, Brandenburg) zwei HLF 20/16 ersatzbeschafft: Iveco FF 150 E 30 WD (Radstand 4150 mm, zulässige Gesamtmasse 15 000 kg, automatisiertes Schaltgetriebe) mit Magirus-Aufbau. Zur Beladung gehört auch ein Schienen-Transportwagen für Einsätze im Bahnbereich. Ausstattung: FPN 10-2000, 1600 l Wasser, 150 l Schaummittel, hydraulischer Hilfeleistungssatz *(kli)*

In Nordrhein-Westfalen bei Freiwilligen Feuerwehren mit hauptamtlichen Kräften verbreitete schwere HLF auf Fahrgestellen der 18-t-Klasse werden durch das 2011 beschaffte HLF 30/16-2 der FF Bergisch-Gladbach (Rheinisch-Bergischer Kreis, Nordrhein-Westfalen) repräsentiert – MAN TGM 18.340 4x2 BL (Radstand 4500 mm, zulässige Gesamtmasse 18 000 kg) mit Ziegler-Aufbau. Ausstattung/Beladung: FPN 10-3000, 1600-l-Löschwasserbehälter, 200-l-Schaummitteltank, maschinelle Zugeinrichtung Rotzler TR 030/6 (50 kN), hydrostatisch angetriebener 23-kVA-Generator *(kli)*

Die FF Ruhpolding (Landkreis Traunstein, Bayern) hat 2012 ein Löschgruppenfahrzeug mit Bergeausrüstung (LFB) nach österreichischer Bauvorschrift beschafft. Der MAN TGM 13.290 4x4 BL wurde von Rosenbauer aufgebaut. Besatzung 1/8. Im durch eine Ladebordwand abgeschlossenen Heckgeräteraum werden ein Rollcontainer-Schlauch und ein Raupenmanipulator mit einer Tragkraftspritze mitgeführt. Das Fahrzeug verfügt nicht über eine fest eingebaute Feuerlöschkreiselpumpe oder einen Löschwasserbehälter. Zur weiteren Ausstattung gehören eine zweite Tragkraftspritze PFPN 10-750, ein pneumatisch ausfahrbarer LED-Lichtmast, ein 14-kVA-Stromerzeuger und vier Pressluftatmer im Mannschaftsraum *(tho)*

Bei der FF Flensburg-Engelsby (Stadt Flensburg, Schleswig-Holstein) ist seit November 2011 ein kommunales LF-KatS stationiert, das durch Mittel des Konjunkturprogramms II beschafft werden konnte. Zwei bauartgleiche Fahrzeuge haben weitere FF-Gruppen in Flensburg erhalten, sowie eines auch eine FF in Neumünster. Schlingmann baute auf einem MAN TGM 13.250 4x4 BL FW auf. Technische Merkmale sind: Einzelbereifung, Radstand 3950 mm, FPN 10-1000, 1000-l-Löschwasserbehälter *(kli)*

Der Norm für LF-KatS entspricht das neue Löschgruppenfahrzeug der FF Groß Schneen (Landkreis Göttingen). Das Fahrgestell ist ein MAN TGM 13.250 4x4 BL FW (laut Typschild) mit Einzelbereifung, den Aufbau erstellte Rosenbauer. Der Löschwasserbehälter fasst 1000 l, die FPN ist vom Typ 10-2000. Das Land Niedersachsen bezuschusste das Fahrzeug zu 75 Prozent *(thw)*

Der Bund lieferte auch 2011 eine größere Stückzahl LF-KatS aus. Das Fahrzeug der FF Stuttgart, Abteilung Wangen, wurde 2011 übergeben. Lentner erstellte den Aufbau auf einem MAN TGM 13.250 4x4 BL FW. Die löschtechnische Ausstattung umfasst einen 1000-l-Löschwasserbehälter und eine FPN 10-2000 *(tho)*

Fahrzeugtechnische Besonderheiten sind VLF bei der BF Dresden. Erstmals wurde 2012 ein solches kompaktes Fahrzeug – das Türschild des Herstellers besagt LF 10/6 – von Rosenbauer realisiert. Der Compact Line-(CL)-Aufbau auf MB Atego 1329 F (Radstand 3610 mm) umschließt unter anderem eine FPN 10-2000 (Rosenbauer N 25) und einen 1600-l-Löschwasserbehälter. Neben den beiden Geräten für den Angriffstrupp ist auch ein Pressluftatmer für den Fahrzeugführer in die Rückenlehne des Sitzes integriert. Das Fahrzeug wird an der neuen City-Feuerwache stationiert werden *(kli)*

Tanklöschfahrzeuge

Bei den Tanklöschfahrzeugen haben sich die Normen im April 2011 geändert: Aus dem TLF 16/24-Tr wurde das TLF 3000 und aus dem TLF 20/40-SL das TLF 4000. Neu ist das TLF 2000, das dem Wunsch der Feuerwehren nach einem kompakten, wendigen Tanklöschfahrzeug vor allem für die Waldbrandbekämpfung gerecht werden soll. Das TLF 2000 ist daher vor allem für die TLF 8/18 beziehungsweise TLF 8 (W) in Niedersachsen vorgesehen. Es darf maximal 10 000 kg wiegen und führt 2000 l Löschwasser mit (bei besonders kompakten Fahrzeugen darf der Löschwasserbehälter auch auf 1800 l reduziert werden). Das TLF 3000 verfügt über einen 3000-l-Löschwasserbehälter und wiegt 14 Tonnen. Im maximal 18 Tonnen schweren TLF 4000 werden mindestens 4000 l Wasser und 500 l Schaummittel mitgeführt. Die ersten Feuerwehren haben entsprechende Tanklöschfahrzeuge in den Einsatzdienst übernommen. Interessant ist, dass viele Feuerwehren nach wie vor Tanklöschfahrzeuge mit einer Staffelkabine beschaffen, obwohl nur eine Truppbesatzung nach Norm vorgesehen ist.

Das dritte Schlingmann-TLF 10/20, aufgebaut auf dem „kleinen" Unimog-Fahrgestell U 20 (Radstand 2700 mm), hat 2012 die Ortsfeuerwehr Mardorf der Freiwilligen Feuerwehr Neustadt am Rübenberge (Region Hannover, Niedersachsen) erhalten – FPN 10-2000, 2400-l-Löschwasserbehälter

(kli)

Zwei als TLF 20/24 CAFS bezeichnete Tanklöschfahrzeuge beschaffte die Berliner Feuerwehr 2012. Die bei der FF Müggelheim (hier im Bild) und der Feuerwache Tegel stationierten MAN TGM 13.290 4x4 BL FW mit Einzelbereifung erhielten Aufbauten von Gimaex (Typschild: Gimaex-Schmitz). Die FPN 10-2000 trägt ein Typschild von Gimaex, der Löschwasserbehälter fasst 2400 l. Für die leistungsfähige CAFS Anlage des Typs DLS 2400/800 ist ein 200-l-Schaummitteltank vorhanden

(thw)

Erstmals erhielt eine Kieler Feuerwehr ein „großes" Tanklöschfahrzeug. Die FF Kiel-Suchsdorf stellte ein TLF 20/40 auf MAN TGM 13.290 4x4 BL (Radstand 3950 mm, zulässige Gesamtmasse 15 500 kg) mit Schlingmann-Aufbau in Dienst (Baujahr 2011) – FPN 10-2000, 4000 l Wasser, Alco-Werfer auf dem Dach, sechs A-Saugschläuche *(kli)*

Dieses TLF 20/40 auf einem Iveco 140 E 30 W mit Magirus-Aufbau konnte die FF Schandelah (Landkreis Wolfenbüttel, Niedersachsen) 2011 in Dienst stellen. Zum Einsatzgebiet der FF zählt unter anderem ein Abschnitt der Bundesautobahn 39. Obwohl das Fahrzeug erst 2011 gebaut wurde, wurde es noch mit der älteren Front ausgeliefert. Die Pumpe ist vom Typ FPN 10-2000, der Löschwasserbehälter ist für 4200 l ausgelegt. Ein Werfer ist nicht auf dem Dach montiert *(thw)*

2011 konnte die FF Suderburg (Landkreis Uelzen, Niedersachsen) dieses TLF 20/40 mit 4500-l-Löschwasserbehälter und 200-l-Schaummitteltank übernehmen. Fahrgestell Iveco 150 E 25 W, Aufbau Magirus *(thw)*

Ein TLF 20/40 aus einer Landesbeschaffung erhielt 2012 die FF Hennickendorf der Gemeinde Nuthe-Urstromtal (Landkreis Teltow-Fläming, Brandenburg). Der Iveco 135 E 30 W mit Magirus-Aufbau ist mit einer Staffelkabine ausgerüstet. Die wesentlichen Daten des Fahrzeugs lauten: FPN 10-2000, 4000 l Wasser, Alco-Werfer auf dem Dach montiert, Endress Stromerzeuger 8 kVA. Baugleiche Fahrzeuge wurden unter anderem für die Feuerwehren Biesenthal (BAR), Brück (PM) und Stahnsdorf (PM) beschafft *(thw)*

Als TLF 20/50 bezeichnet die FF Strausberg (Landkreis Märkisch-Oderland, Brandenburg) ihr neues Tanklöschfahrzeug – der Leistung der Feuerlöschkreiselpumpe und dem Inhalt des Löschwasserbehälters entsprechend. Beim Fahrgestell handelt es sich um einen MAN TGM 13.290 4x4 BL, den Aufbau erstellte Rosenbauer Feuerwehrtechnik. Baujahr 2011 *(thw)*

Das TLF 20/40-SL der FF der Stadt Obertshausen (Landkreis Offenbach, Hessen), untergebracht im Gerätehaus Obertshausen, ist 2011 von Ziegler geliefert worden – Fahrgestell MB Atego 1629 AF (Radstand 3860 mm). Das Fahrzeug führt 5000 l Wasser und 500 l Schaummittel mit, das mittels einer FireDos FD 1000-Zumischanlage zugemischt wird. Besonderheit sind die Selbstschutzdüsen. Zur Beladung gehören unter anderem eine Mini-Chiemseepumpe B 1400 sowie eine Lkw-Rettungsplattform *(kli)*

Ein neues TLF 20/40-SL auf MB Axor 1833 AK wurde 2012 an die FF Haldensleben (Landkreis Börde, Sachsen-Anhalt) ausgeliefert. Den Aufbau steuerte Rosenbauer (Typschild: „RBD") bei. Als FPN 10-2000 ist eine Rosenbauer N 25 verbaut; der Löschwasserbehälter fasst 4500 l, der Schaummitteltank 500 l. Im Geräteraum 2 wird ein fahrbarer 50-kg-Pulverlöscher mitgeführt *(thw)*

2011 hat die FF Bad Oeynhausen (Kreis Minden-Lübbecke, Nordrhein-Westfalen) ein TLF 20/40-SL in Dienst gestellt: MAN TGM 18.340 4x4 BB (Radstand 4200 mm) mit Schlingmann Quadra VA Aufbau. 1700 l Wasser, 200 l alkoholbeständiges Schaummittel, 300 l Mehrbereichsschaummittel, Druckzumischanlage Automix 72 DE, Dachwerfer (Alco), HiPress-Löschgerät *(kli)*

Für einen MAN TGM 18.290 4x4 BB mit Einzelbereifung entschied sich die FF Caputh (Landkreis Potsdam-Mittelmark, Brandenburg) bei ihrem neuen TLF 20/40-SL. Den Aufbau erstellte Ziegler. Das Fahrzeug verfügt über eine FPN 10-2000 sowie eine Druckluftschaumanlage DLS 1200/400. An Löschmitteln werden 4940 l Wasser und 500 l Schaummittel mitgeführt *(thw)*

Die BF Köln beschafft im Bereich Brandschutz-Fahrzeuge kleinere Serien – im Sommer 2012 drei TLF 4000 auf MAN TGS 18.340 4x2 BL (Radstand 3900 mm, zulässige Gesamtmasse 18 000 kg) mit Gimaex-AluPrime-Aufbau für die Feuerwachen Innenstadt, Marienburg und Deutz. Die in Köln übliche Bezeichung „Tro“ bringt die Ausrüstung mit einer BC-Pulverlöschanlage zum Ausdruck (Gloria-PLA 250). Weitere Löschmittel: 4500 l Wasser, 500 l (Class A)- und 200 l (AFFF)- Schaummittel, fahrbare Löschgeräte mit 30 kg CO_2 und 50 kg Pulver. Feuerlöschkreiselpumpe FPN 10-2000, FireDos-Schaum-Druckzumischanlage FD 2500, Alco-Dachwerfer mit Pump & Roll-Schaltung, HydroChem-Hohlstrahlrohr *(kli)*

Magirus erstellte den Aufbau dieses TLF 20/40-SL der FF Ramstein-Miesenbach (Standort: Ramstein, Landkreis Kaiserslautern, Rheinland-Pfalz) in der AluFire-3-Bauweise. Fahrgestell: Scania P 360 CB 4x4 HHZ, Baujahr: 2011. An Löschmitteln werden 4500 l Wasser, 200 l AFFF-Schaummittel und 300 l alkoholbeständiges Schaummittel mitgeführt. Weitere Ausstattung: FPN 10-2000, Caddisys-30-Schaumzumischanlage, drei Frontsprühdüsen, Alco-Dachwerfer, fahrbare Feuerlöscher P50 und KA30 im Geräteraum G3 *(tho)*

Dieses speziell für die Vegetationsbrandbekämpfung ausgestattete TLF 2000 (intern als TLF 8-W bezeichnet!) wurde im Frühjahr 2012 an die BF Göttingen ausgeliefert. ADIK erstellte den Aufbau auf einem Mercedes-Benz Unimog U 5000. Zur umfangreichen Ausrüstung zählen unter anderem Dachluke, formstabiler Schlauch mit Hohlstrahlrohr auf dem Dach, Alco Werfer, Bodensprühdüsen, Vorbauseilwinde (Werner), Wasserrucksäcke, Schlauchrucksäcke und C-DCD-Verteiler sowie D-Schläuche und -Strahlrohre *(thw)*

Ein TLF 3000 nach neuer Norm erhielt die FF Weyhausen (Landkreis Gifhorn, Niedersachsen) im Sommer 2011. Beim Fahrgestell erhielt MAN mit dem Typ TGM 13.290 4x4 BL den Zuschlag, beim Aufbau Rosenbauer Feuerwehrtechnik. Besonderheit des Fahrzeuges ist die Beobachtungsluke, die in Verbindung mit dem im vorderen Bereich des Aufbaudaches vorhandenen C-Anschluss die Bekämpfung von Brandnestern auch während der Fahrt ermöglicht. FPN 10-2000, 3000 l Löschwasser *(thw)*

Das neue TLF 3000 der FF Weesen (Landkreis Celle, Niedersachsen) wurde von ADIK auf einem MAN TGM 13.250 4x4 BL aufgebaut. Die Feuerlösch-Kreiselpumpe des Typs FPN 10-2000 lieferte PF Jöhstadt zu, der Löschwasserbehälter fasst 3000 l. Die Feuerwehr entschied sich für eine Staffelkabine anstelle des üblichen Truppfahrerhauses *(thw)*

Dieses TLF 3000 baute Schlingmann 2012 für die FF Faßberg in der Lüneburger Heide. Als Fahrgestell kam ein MAN TGM 13.290 4x4 BL zur Verwendung. Feuerlöschkreiselpumpe FPN 10-2000 und Löschwasserbehälter (3000 l) entsprechen der aktuellen Norm. Auf Wunsch der Feuerwehr wurde das Fahrzeug, das ein TLF 16/25 ersetzt, mit Staffelkabine gebaut *(thw)*

Die BF Frankfurt am Main hat 2011 bei Lentner zwei baugleiche – so die interne Bezeichnung – GTLF 5 fertigen lassen, die zusammen mit zwei technisch vergleichbaren GTLF 10 die aktuelle Generation an Großtanklöschfahrzeugen bilden. Die GTLF 5 (MB Actros 1836 AK, Radstand 3900 mm, zulässige Gesamtmasse 18 000 kg) führen 5000 l Wasser und 2 x 250 l Schaummittel (parallel geschaltete Tanks) mit. Die leistungsstarke Feuerlöschkreiselpumpe FPN 10-4000 stammt von Hale Godiva (Modell WS 4010). Hinter der Pumpe befindet sich eine Schaumzumischanlage FireDos FD 4000. Ein Pump-and-Roll Betrieb ist möglich *(kli)*

Derzeit einmalig in Deutschland ist dieses GTLF 9000-500, welches die FF Perleberg (Landkreis Prignitz, Brandenburg) Anfang 2012 als Ersatz für ihr abgängiges TLF 16/45-W (MB U 2150 L mit FGL-Aufbau) beschaffte. Das hochgeländegängige Fahrgestell des neuen Tatra-Typs T 815-7 ist aus dem Militärbereich abgeleitet, seine Watfähigkeit beträgt 120 cm. Den Aufbau erstellte tht unter Verwendung einer FPN 10-3000 von PF Jöhstadt. Löschwasser- und Schaummittelkapazität entsprechen der Typbezeichnung *(thw)*

Hubrettungsfahrzeuge

Unter dem Begriff werden einerseits die klassischen Drehleitern, andererseits die Hubarbeitsbühnen (HAB), also die Teleskopmast- sowie die Gelenkmastbühnen, zusammengefasst. Besonders herausragende Fahrzeuge sind im vergangenen Jahr nicht in Dienst gestellt worden, sieht man einmal von den acht Metz-Drehleitern L 32 A für die US-Army-Feuerwehren in Deutschland ab (eine neunte Drehleiter wurde mittlerweile an einen Stützpunkt in Italien ausgeliefert).

Die DLA (K) 23/12 („L 32") der Ortsfeuerwehr Pattensen der Feuerwehr der Stadt Pattensen (Region Hannover, Niedersachsen) ist von Metz auf dem Standardfahrgestell MB Atego 1529 F (Radstand 4460 mm) 2011 geliefert worden *(kli)*

Die FF Halver (Märkischer Kreis, Nordrhein-Westfalen) hat Ende 2011 ein Metz-Hubrettungsgerät B 32 mit einer Arbeitshöhe von 32 m in Dienst genommen. Fahrgestell: MAN TGM 18.340 4x2 BL mit Radstand 4725 mm. Für den Korb wird vom Hersteller eine Nutzlast von 500 bis 530 kg angegeben. Am ersten Teleskopelement befindet sich eine Lastöse, mittels derer Lasten bis 2200 kg gehoben werden können. Am Korb befindet sich ein Akron-Wasserwerfer *(kli)*

In einer kleinen Serie von drei DLA (K) 23/12 beschafft die BF Hamburg 2012 MB Atego 1529 F (zulässige Gesamtmasse 15 500 kg) jetzt wieder mit Metz-Aufbau, nachdem die vorhergehende Serie 2009 in der Kombination Iveco/Magirus realisiert worden war. Das abgebildete Fahrzeug ist das erste seiner Art und geht an der Feuer- und Rettungswache Stellingen in Dienst. Standard ist in Hamburg die 4-t-Krananlage an der Unterleiter *(kli)*

Die 2011 gebaute L 32 (DLA (K) 23/12) der Feuer- und Rettungswache Übigau der BF Dresden gehört zur zweiten Beschaffungsgruppe einer Serie von vier baugleichen Fahrzeugen. Fahrgestell: MAN TGM 15.290 4x2 BL, Aufbau: Metz *(kli)*

Eine Drehleiter mit abneigbarem Korbarm des Typs L 32A konnte die FF St. Blasien (Landkreis Waldshut, Baden-Württemberg) 2011 bei Metz übernehmen. Fahrgestell: MB Atego 1529 F *(tho)*

Diese DLA (K) 23/12 mit Gelenkteil konnte die FF Wanzleben (Bördekreis, Sachsen-Anhalt) 2011 in ihren Fuhrpark einreihen. Metz bezeichnet diesen Typ als L 32A. Die auf einem MB Atego 1529 F aufgebaute Drehleiter verfügt über den 450-kg-Rettungskorb. Das Fahrzeug hat in Wanzleben eine der insgesamt nur 14 mal gebauten Metz-Soforteinstiegsleitern DLK 23-12 SE ersetzt; diese stand zuvor bei der BF Stuttgart im Dienst *(thw)*

Die US Army in Europa beschaffte im Sommer 2011 für ihre Standorte insgesamt acht dieser DLA (K) 23/12. Metz baute die Drehleitern des Typs L 32A mit abneigbarem Korbarm und 450-kg-Rettungskorb auf dem Scania P360 mit Nachlauflenkachse auf. Das abgebildete Fahrzeug ist auf dem Stuttgart Army Airfield der US Army stationiert *(tho)*

Die BF Wuppertal hat 2011 erstmals ein Hubrettungsfahrzeug mit einem teleskopierbaren Gelenk-Leiterteil beschafft. Magirus lieferte eine DLA (K) 23/12 CS GL, Firmenbezeichnung M 32 L-AT, auf einem MB Atego 1529 F-Fahrgestell (Radstand 4460 mm) mit dem Rettungskorb RC 400 *(kli)*

Eine neue DLA (K) 23/12 GL auf Iveco 160 E 30 konnte die BF Magdeburg im Jahr 2011 in Dienst nehmen. Es handelt sich nach der aktuellen Magirus-Nomenklatur um eine M 32 L-AS, also um eine Drehleiter mit abwinkelbarem Gelenkarm als Einzelauszug. Als Stromerzeuger wird ein Endress ESE 1303 mitgeführt, weiterhin gehört ein Leader-Überdrucklüfter zur Ausstattung *(thw)*

Die DLA (K) 23/12 CS GL der BF Oldenburg auf dem Iveco-Fahrgestell FF 160 E 30 4x2 hat Magirus 2011 gefertigt und geliefert. Die Firmenbezeichnung lautet: M 32 L-AS *(kli)*

Auch die FF Bruchsal (Landkreis Karlsruhe, Baden-Württemberg) hat eine DLA (K) 23/12 CS GL (M 32 L-AS) mit einem Einzelauszug des obersten Leiterteils erhalten. Magirus baute das Fahrzeug auf einem MB Atego 1529 F auf. Baujahr: 2012 *(tho)*

Die FF Celle (Landkreis Celle, Niedersachsen) hat 2011 eine Magirus-Drehleiter DLA (K) 23/12 CS in niedriger Bauart beschafft (Firmenbezeichnung M 32 L-AS). In dieser Bauform ist der Gelenkarm einzeln auszuziehen. Fahrgestell: Iveco 160 E 30 *(kli)*

Bronto lieferte 2011 eine Hubarbeitsbühne des Typs TLK 23/12 auf Scania P 320 DB 4x2 (Radstand 4500 mm) an die FF Herford (Kreis Herford, Nordrhein-Westfalen). Das Podium stammt von Rusterholz. Der Hauptarm kann für das Heben von Lasten bis 2000 kg genutzt werden. Das Fahrzeug wird von den hauptamtlichen Kräften besetzt *(kli)*

Von Metz stammt die Hubarbeitsbühne B 32 der FF Obertshausen (Landkreis Offenbach, Hessen) auf Scania P 360 DB 6x2*4 MLB (Radstand 3900 + 1355 mm, zulässige Gesamtmasse 25 600 kg, alle Achsen luftgefedert). Das Fahrzeug war als Prototyp während der Interschutz 2010 am Metz-Stand ausgestellt und fungierte ab 2011 als Vorführfahrzeug, bevor es von der Stadt Obertshausen für die Feuerwehr erworben wurde. Arbeitshöhe: 32 m *(kli)*

Ebenfalls von Metz wurde die Hubarbeitsbühne B 42 (Arbeitshöhe: 42 m) der BF Reutlingen erstellt. Es handelt sich um das erste Fahrzeug dieser Bauart. Als Fahrgestell fand ein Scania P 400 LB 6x2*4 MSA Verwendung. Baujahr: 2011 *(tho)*

Sonderfahrzeuge für Industrie und Flughäfen

Unter dem Begriff „Sonderfahrzeuge für Industrie und Flughäfen" werden die ungenormten Fahrzeuge für die Werk- und Betriebsfeuerwehren, aber auch die Flughafenlöschfahrzeuge zusammengefasst.

Der Flughafen Kassel-Calden wird derzeit zum Regionalflughafen ausgebaut. Dazu wurde auch ein neues FLF 9700/250 beschafft, das Rosenbauer auf einem MB Actros 3360 A mit Einzelbereifung aufbaute. Löschmittel: 9100 l Wasser, 600 l Schaummittel und 250 kg Pulver. Die Feuerlöschkreiselpumpe R600 (5500 l/min bei 8 bar) wird von einem eigenen Deutz-Pumpenmotor mit 232 PS angetrieben. Weitere Ausstattung: Schaum-Zumischsystem Foamatic A, Dachwerfer RM 60 C, Frontwerfer RM 15 C, fünf Bodensprühdüsen *(tho)*

Feuerwehrfahrzeuge in der chemischen Industrie sind üblicherweise sehr individuell konzipiert. So auch das 2011 von Rosenbauer an die WF Sasol Brunsbüttel (Kreis Dithmarschen, Schleswig-Holstein) ausgelieferte ULF 2400-250. Der Ausrüstung und Beladung angepasst ist das schwere Fahrgestell: ein MAN TGM 18.340 4x4 BB (Radstand 4200 mm, zulässige Gesamtmasse 18 600 kg, automatisiertes Schaltgetriebe Tipmatic). Ausstattung: Rosenbauer-FPN N 35-L, 2400-l-Löschwasserbehälter, 400-l-Schaummitteltank, Pulverlöschanlage 250 kg (Total), Dachwerfer RM 24 M, maschinelle Zugeinrichtung Rotzler TR 030/6, hydraulischer Hilfeleistungssatz, Lichtmast mit sechs Xenon-Strahlern, zwei Einpersonen-Haspeln (Schlauch, Gerätekasten) *(kli)*

Ebenfalls von Rosenbauer wurde das ULF 2000/1000 der WF Shell in Köln-Godorf gefertigt. Als Fahrgestell dient ein MB Econic 2633 mit Nachlauflenkachse und Automatikgetriebe. Besatzung: 1/2, 2000-l-Löschwasserbehälter, 1000-l-Schaummitteltank, 500-kg-Pulverlöschanlage, 180-kg-Kohlenstoffdioxid-Löschanlage, Feuerlöschkreiselpumpe N55 (5500 l/min bei 8 bar), Hydromatic-Schaumzumischung. Die Seilwinde hat eine Zugkraft von 70 kN; am Heck werden zwei Einpersonen-Haspeln mitgeführt *(tho)*

Am Standort Lippewerk Lünen (Kreis Unna, Nordrhein-Westfalen) nutzt die WF Remondis das 2011 gelieferte ULF 5000/750/120 – MB Actros 2644 (6x4; Radstand 4500 mm, zulässige Gesamtmasse 26 000 kg) mit Rosenbauer-Aufbau. Entsprechend der Industrieverwendung trägt der Aufbau eine spezielle Pumpe (FP NH 55), 2000 l Wasser, 3000 l Schaummittel, 750 kg Pulver (PLA 750 Total), 4 x 30 kg CO_2 (Total), optische Füllstandsanzeige, Werfer RM 60 C, Lichtmast 2 x 1000 W *(kli)*

Die WF Wacker Chemie AG in Burghausen (Bayern) beschaffte 2012 dieses Zumischerlöschfahrzeug (ZLF). Rosenbauer erstellte den Aufbau auf einem MB Econic 2633 6x2-4 L/NLA. Es werden 2000 l Wasser und 5600 l Schaummittel mitgeführt. Eingebaut sind eine FPN 10-10000 sowie eine Hydromatic-Zumischanlage. Ein Dachwerfer ist nicht vorhanden *(tho)*

Bislang standen bei der Werkfeuerwehr der zur Rethmann-Gruppe (Remondis) gehörenden SAVA Brunsbüttel (Kreis Dithmarschen, Schleswig-Holstein) gebrauchte Einsatzfahrzeuge. Ein 2011 gebautes Neufahrzeug ist das HLF 35/40-2 auf MB Atego 1629 F (Radstand 4160 mm) mit Rosenbauer-Aufbau: FP N 35-L, Werfer RM 24 E, Schaumzumischsystem FixMix, 4180-l-Löschwasserbehälter, 225-l-Schaummitteltank, Hilfeleistungssatz, Lichtmast (4 x 1000 W Halogen). Zusätzliche Beladung: First-Responder-Kit
(kli)

Die WF MiRO (Mineraloelraffinerie Oberrhein, Karlsruhe) stellte 2011 dieses HLF 6500 in Dienst. Fahrgestell: MB Actros 2544 L, Aufbau: Rosenbauer. Ausstattung: FPN 10-6000, Hydromatic-Zumischanlage, 5500-l-Löschwasserbehälter, 1750-l-Schaummitteltank, Dachwerfer RM 25 C, Frontwerfer RM 15 C, 23-kVA-Generator, Schiebleiter, Lichtmast mit sechs Xenon-Strahlern, Besatzung 1/5, vier Pressluftatmer im Mannschaftsraum
(tho)

TroSTLF 60/50/30-P1000-K240 der WF WF InfraLeuna GmbH in Leuna (Saalekreis, Sachsen-Anhalt). Fahrgestell: MAN TGS 35.440, Aufbau: Rosenbauer/Minimax, Baujahr: 2011. Löschtechnische Ausstattung: 5000-l-Löschwasserbehälter, 3000-l-Schaummitteltank, 1000-kg-Pulverlöschanlage, 240-kg-Kohlendioxid-Löschanlage, FPN 10-6000, Schaumzumischanlage Hydromatic, Schaum-Wasser-Werfer Acron mit HydroChem-Düse (4000 l/min bei 10 bar beziehungsweise 9 kg/s). Als Besonderheit gilt der Löscharm „Stinger" mit einer Arbeitshöhe von 16,5 m. An der Spitze sind zusätzlich eine Wärmebild- und eine Videokamera montiert. Ein zweites baugleiches Fahrzeug wurde mittlerweile beschafft
(Daniel Birus)

Als erste Feuerwehr überhaupt nutzt die WF Evonik, Rheinfelden (Landkreis Lörrach, Baden-Württemberg), seit Ende 2011 einen Turbolöscher, der zusätzlich zur Turbinen-Löschtechnik auch über einen 2000-l-Schaummitteltank, eine Feuerlöschkreiselpumpe (Rosenbauer FPN 10-6000) und eine Schaummittel-Zumischeinrichtung (Rosenbauer Hydromatic) verfügt. Zikun baute das Fahrzeug auf einem MAN TGS 26.360 6x4 H-BL mit Hydrodrive Allradantrieb der Vorderachse auf. Die beiden LG-Triebwerke werden aus einem 2500-l-Kerosin-Tank gespeist *(tho)*

Die Bundeswehrfeuerwehr der Wehrtechnischen Dienststelle 52 in Schneizlreuth (Landkreis Berchtesgadener Land, Bayern) hat für den Bergerprobungsplatz „Reiteralpe" 2012 ein Feuerlösch-Kraftfahrzeug „Berg" in Dienst gestellt. Rosenbauer erstellte den Aufbau als Abrollbehälter auf einem Reform Muli T9 4x4. Die Wechselladereinrichtung stammt von Maytec. Im Abrollbehälter wird eine Tragkraftspritze PFPN 10-750, ein 1850-l-Löschwasserbehälter sowie die um eine Waldbrandbekämpfungsausrüstung ergänzte Beladung eines TSF-W mitgeführt. Es handelt sich bisher um ein Einzelstück *(tho)*

Während es bei den Rüstwagen keine Normänderungen und Marktveränderungen gab, ist der Bereich der Nachschubfahrzeuge in Bewegung. Die Normen für den GW-L1 und den GW-L2 stehen zur Überarbeitung an. Norm-Entwürfe liegen seit Februar 2012 vor. Der Trend zur Beschaffung dieser Nachschubfahrzeuge hält bei den Feuerwehren an. Vor allem auch lokale Aufbauhersteller fertigen GW-Logistik nach den Vorstellungen der Feuerwehren.

Als GW wird dieser MAN TGM 13.290 4x4 BL FW mit Rosenbauer-Aufbau der FF Rottach-Egern (Landkreis Miesbach, Bayern) intern bezeichnet, wobei das Typenschild das Fahrzeug als „LFB" nach österreichischer Norm ausweist. Im heckseitigen, mit einer Ladebordwand abgeschlossenen Geräteraum werden neben zwei Rollcontainern auch ein Raupenmanipulator mit einer Tragkraftspritze mitgeführt. Weitere: Ausstattung: Rotzler-Seilwinde (50 kN), 80-kVA-Generator (Rosenbauer-EPS-System), Besatzung: 1/2. Baujahr: 2012 *(tho)*

Im Jahr 2011 ist bei Gimaex in Wilnsdorf ein GW-G für die FF Ennepetal (Ennepe-Ruhr-Kreis, Nordrhein-Westfalen) auf einem MB Atego 1529 F (Radstand 4160 mm) aufgebaut worden. Im Normalfall ist das Fahrzeug zum Abstreuen von Ölspuren mit dem „ÖlTiger"-System in der Frontzugmaulhalterung ausgerüstet. Der AluPrime-Aufbau ist zwischen den Achsen tiefer gezogen. An der Stirnwand des Aufbaus ist ein Lichtmast mit sechs Xenon-Scheinwerfern montiert *(kli)*

Die BF Offenbach hat 2011 ein KLAF sowie einen AB-Gefahrgut durch einen GW-G auf MB Atego 1529 L mit Automatik-Getriebe (Allison) und Ziegler (Mühlau)-Ausbau ersetzt (Folienbeklebung RAL 3026). Ein Teil der Beladung ist auf drei Rollcontainern verfrachtet, die in der Heckraumzelle aufgestellt sind und mittels einer Ladebordwand (Dautel DL 1500S) entnommen werden können

(kli)

Innerhalb der Organisation des Büros für Arbeitssicherheit unterhält die Technische Universität Dresden eine betriebliche Feuerwehr. Für die nebenamtlichen Kräfte ist 2011 ein GW-L beschafft worden. Schutz Fahrzeugbau (Kirchlinteln) hat auf einem MB Sprinter 516 CDI-Fahrgestell mit langem Radstand (4325 mm) einen Pritsche/Plane-Aufbau mit Ladebordwand (Sörensen, 1000 kg) aufgebaut

(kli)

Die Katastrophenschutzbehörde des Kreises Steinburg hat 2011 den GW-L2 bei der FF Hohenaspe (Kreis Steinburg, Schleswig-Holstein) stationiert. Der einzelbereifte MB Atego 1226 AFE (Radstand 3860 mm) mit Pritsche/Plane/Ladebordwand-Aufbau von Ziegler wird als SW 2000-Tr genutzt und ist dementsprechend beladen. Der GW gehört zu einem Beschaffungspaket des Landes Schleswig-Holstein von 60 KatS-Fahrzeugen, das mithilfe der Zuweisungen des Konjunkturpaktes II möglich wurde

(kli)

Den GW-L2 der FF Haldensleben (Landkreis Börde, Sachsen-Anhalt) baute Meinicke im Jahr 2011 auf einem Mercedes-Benz Atego 1429 AF auf. Die Ladebordwand ist vom Typ MBB Palfinger 1500 K. Zur Beladung zählen drei Rollcontainer mit je 500 m B-Schlauch, ein 8-kVA-Stromerzeuger von Endress und ein Öltiger *(thw)*

Der GW-L/TH der FF der Stadt Obertshausen (Landkreis Offenbach, Hessen), stationiert in Obertshausen (MB Atego 1329 AF, Radstand 3860 mm, Ladebordwand Dautel DL 1500 S), ist kein reines Logistik-Fahrzeug mit Rollwagen-verlastetem Material, sondern rückt auch zu zeitkritischen Technischen Hilfeleistungen aus. Demzufolge gehört zur Beladung hydraulisches Rettungsgerät, ein Plasmaschneidgerät, eine Rettungssäge und ein fest eingebauter 30-kVA-Generator *(kli)*

Das modular aufgebaute Rüstkonzept der Feuerwehr Hamburg sieht die Beschaffung von vier GW-Rüst 2 für die Berufsfeuerwehr vor. Das erste dieser Fahrzeuge ist 2011 für die Feuer- und Rettungswache Billstedt von Ziegler (Mühlau) gefertigt worden – Fahrgestell: MB Unimog U 5000 (Radstand 3850 mm, zulässige Gesamtmasse 14 100 kg, watfähig bis 80 cm Wassertiefe) mit Rotzler-Seilwinde TR 080/6 (80 kN). Das weiß lackierte Fahrzeug ist mit RAL-3026-Folien beklebt *(kh)*

Die BF Stuttgart nutzt seit Sommer 2011 diesen VW T5 GP Caravelle Trendline 4motion als GW-Messtechnik nachdem das bisherige Messleitfahrzeug ausgefallen ist. Schäfer baute das Fahrzeug für die Firma VW als KdoW auf, die es der Feuerwehr Stuttgart zur Verfügung stellte. Das Fahrzeug verfügt über Luftfederung an der Hinterachse, die ein zulässiges Gesamtgewicht von 3500 kg ermöglicht *(tho)*

Zwei baugleiche Großkehrmaschinen hat die BF Hannover 2011 beschafft. Auf MAN-Fahrgestellen (TGM 18.320 4x2 BL) hat die Faun Viatec GmbH am Standort Grimma Spezialfahrzeuge (Herstellerbezeichnung „Viajet 6 R HS") mit hydrostatischem Kehrsystem zur Beseitigung von Ölspuren gefertigt, die durch ein thermisches „Aquatherm"-Hochdruck-Flächenreinigungssystem komplettiert worden sind (1200 l + 800 l Wassertank, 3 x 100 kW Heizsystem, 200 bar HD-Waschsystem, 2 x 1250 mm Flachstrahl-Düsenbalken, 2 x 1250 mm Rotordüsenbalken, Handlanze mit 18-m-Schlauch, zehn Tensid-Düsen) *(kli)*

Diesen VW Amarok TDI 4motion übernahm die FF Oldendorf (Landkreis Hameln, Niedersachsen) im Jahr 2012 als GW-Höhenrettung. Den Aufbau erstellte Freytag in Elze, der Ausbau wurde durch die FF in Eigenarbeit erstellt. Das Fahrzeug dient derzeit in Zweitfunktion zusätzlich dem Gemeindebrandmeister als Kommandowagen *(thw)*

Die Werkfeuerwehr der Salzgitter AG erhielt Anfang 2012 diesen GW-A auf VW T5 GP. Den Ausbau fertigte HIG aus Hannover unter Verwendung von Sortimo-Elementen. Unter anderem werden acht Pressluftatmer und diverse Filtergeräte mitgeführt. Die äußere Gestaltung entspricht dem seit einigen Jahren konsequent umgesetzten „Corporate Design" für die Fahrzeuge der Werkfeuerwehr *(thw)*

Der Kampfmittelräumdienst ist in Hamburg der Berufsfeuerwehr zugeordnet. Zwei GW-KRD (Kampfmittelräumdienst) sind im Jahr 2012 beschafft worden – VW T 5 GP 2.0 TDI 4motion mit Jessen-Ausbau. Die Fahrzeuge sind an der Feuer- und Rettungswache Harburg stationiert *(kli)*

Die fünfte Generation eines GW-Boot hat 2011 Ziegler (Mühlau) für die BF Frankfurt am Main gefertigt. Der Sonderaufbau befindet sich auf einem MB Actros 2036 AK Kipperfahrgestell. Am Heck ist ein Palfinger Teleskop-Ladekran PK 14000T angebaut. Die maschinelle Zugeinrichtung (80 kN) stammt von Rotzler (TR 080/6). Das Fahrzeug führt ein Mehrzweckboot mit Bugklappe mit *(kli)*

Das neue KLAF der BF Salzgitter baute GSF auf einem MB Sprinter 316 CDI aus. Im Heck des Fahrzeuges kann ein Rollcontainer mitgeführt werden; es stehen mehrere Container mit unterschiedlichen Beladungen zur Verfügung. Das mit leuchthellroter Folie (RAL 3026) beklebte Fahrzeug ersetzte einen VW LT 35, der bereits 1993 in Dienst genommen worden war *(thw)*

Die Abteilung Neustadt der FF Titisee-Neustadt (Landkreis Breisgau-Hochschwarzwald, Baden-Württemberg) beschaffte 2011 diesen VRW bei Hensel. Fahrgestell: MB G 350 BlueTec, zulässige Gesamtmasse 3300 kg. Fest eingebaut ist ein 8-kVA-Generator *(tho)*

Die BF Reutlingen erhielt 2011 von Barth diesen VRW. Als Basis dient ein VW T5 GP mit einer Luftfederung, der ein zulässiges Gesamtgewicht von 3500 kg ermöglicht. Ein 5-kVA-Stromerzeuger ist fest eingebaut *(tho)*

Die FF Petershagen (Landkreis Märkisch-Oderland, Brandenburg) stellte Anfang 2011 diesen RW in Sonderausführung auf MAN TGM 13.250 4x4 BL in Dienst. Da zwei Schienenwagen mitgeführt werden sollten, konstruierte Rosenbauer Feuerwehrtechnik einen in Fahrstellung auf dem Dach abgelegten absenkbaren Schlitten. Auf den Schienenwagen können unter anderem die im Aufbau gelagerten fünf Schleifkorbtragen befördert werden. Weitere Ausstattung: Generator EME DR 180/25-4TS (25 kVA), Seilwinde Rotzler TR 030/6. Für die Technische Hilfeleistung bei Bahnunfällen kommt das Fahrzeug im gesamten Kreisgebiet zum Einsatz *(thw)*

Rückansicht des RW der FF Petershagen: Auf dem Aufbaudach befindet sich ein absenkbarer Dachschlitten mit zwei Schienenrollwagen *(thw)*

Die FF Schopfheim (Landkreis Lörrach, Baden-Württemberg) erhielt 2011 diesen RW, den Magirus auf einem MAN TGM 13.290 4x4 BL aufbaute. Die Rotzler-Seilwinde hat eine Zugkraft von 50 kN sowie nach hinten im doppelten Zug von 100 kN. Der GTS-Generator leistet 30 kVA. Als Sonderbeladung wird ein Gerätesatz Ölschaden inklusive Gefahrgutschlauchpumpe, eine Rettungsplattform, ein Hygienebrett mit 60-l-Wasserbehälter, ein tragbarer 14-kVA-Stromerzeuger sowie je ein Luft- und Strom-Schnellangriff mitgeführt. Der pneumatisch ausfahrbare Lichtmast verfügt über vier Xenon-Scheinwerfer

(tho)

Schlingmann baute 2011 den neuen Rüstwagen der FF Bergen (Landkreis Celle, Niedersachsen); die Feuerwehr entschied sich für die Ausführung mit großem Heckladeraum. Der MAN TGM 13.290 4x4 BL FW wurde mit einer Vorbauseilwinde von PWT Pomp Windentechnik HSS 50 FVB-F mit 50 kN Nennzugkraft ausgerüstet, der 30-kVA-Generator stammt von Bender. Die Ladebordwand lieferte Sörensen. Zum hydraulischen Rettungssatz von Weber zählen ein Spreizer SP 49 und ein Schneidgerät RS 170-105

(thw)

Einen neuen Rüstwagen mit Ladebordwand erhielt 2012 die FF Meine (Landkreis Gifhorn, Niedersachsen). Schlingmann erstellte den Aufbau auf einem MAN TGM 18.290 4x4 BB. Die Rotzler-Winde ist vom Typ TR 030/6 (50 kN), der KW-Generator ein KWG-250/2-Z20-010 (25 kVA). Weitere Ausstattungsmerkmale: Spreizer Lukas LSP 40 B, Schneidgerät Lukas LS 501 EN, Schnellangriffseinrichtung Druckluft, Schlauchboot und Lichtmast mit sechs Xenon-Scheinwerfern. Die 2000-kg-Ladebordwand lieferte Sörensen

(thw)

Der RW der FF Langenfeld (Kreis Mettmann, Nordrhein-Westfalen) auf MB Atego 1629 AF (Radstand 3860 mm) ist 2011 von Ziegler gefertigt worden – Lackierung RAL 3024 *(kli)*

Ein weiteres Fahrzeug mit einem Aufbau von Lentner stellt seit 2012 der RW der BF Hagen dar – MB Atego 1629 AF (Radstand 3860 mm, zulässige Gesamtmasse 14 000 kg) – Stromaggregat 30 kVA, Rotzler-Seilwinde Treibmatic TR 080/6 (80 kN) *(kli)*

Empl hat 2011 zwei baugleiche RW für die BF Frankfurt am Main auf MB-Kipperfahrgestellen Actros 2026 AK (Radstand 4500 mm, automatisiertes Schaltgetriebe „Telligent") aufgebaut. Besonderheit des Aufbaus ist die heckseitige Ladebordwand (Bär, 2000 kg), die einen Laderaum abschließt, in dem sich drei Rollcontainer befinden, sowie der Verzicht auf eine Dachbeladung. Als maschinelle Zugeinrichtung ist eine kabel-/funkgesteuerte Seilwinde von Rotzler (TR 080/6 – 80 kN) verbaut *(kli)*

Bereits 2010 wurde der RW-Schiene bei der Interschutz gezeigt, aber erst im Dezember 2011 wurde das Fahrzeug von den Stuttgarter Straßenbahnen AG an die BF Stuttgart übergeben. Rosenbauer erstellte den Aufbau auf einem MB Actros 2548 L 6x2. Fest eingebaut sind ein 30-kVA-Generator und eine Rotzler-Seilwinde TR 030. Der Heckgeräteraum wird von einer Ladebordwand verschlossen. Untergebaut ist eine Schienenfahreinrichtung für das Stuttgarter Stadtbahnnetz; der Antrieb erfolgt auf zwei Drehgestelle hydrostatisch *(tho)*

Im Sommer 2012 erhielt die BF Braunschweig dieses Wechselladerfahrzeug auf MAN TGS 18.360 4x2 BL. Die Hamelner Firma Meindl baute eine Wechselladeeinrichtung von Meiller (Typ RK 14.55) auf. Das Fahrzeug verfügt über eine Fahrschulausstattung *(thw)*

Als zweites WLF ist im Januar 2012 für die FF Neu-Isenburg (Landkreis Offenbach, Hessen) ein MAN TGS 26.400 6x4 BL mit Palfinger-Hakentechnik (Typ T 20) zugelassen worden. Standardmäßig ist der vorhandene AB-A/S (Sirch, 2007) aufgesattelt *(kli)*

Die FF Wedel (Kreis Pinneberg, Schleswig-Holstein) hat 2012 ein Allrad-WLF (MAN TGS 28.320 6x4-4 BL, Radstand 4200 + 1500 mm, zulässige Gesamtmasse 28 000 kg, automatisiertes Schaltgetriebe Tipmatic mit Geländemodus) mit einem Hakensystem von Palfinger beschafft. Zeitgleich ist der standardmäßig aufgesattelte AB A/S (GFS) geliefert worden. Der Allradantrieb ist wegen der Befahrbarkeit des Elbufers als notwendig erachtet worden *(kli)*

Im Rahmen einer regulären Ersatzbeschaffung ist 2011 eines der fünf WLF der BF Wuppertal durch einen MB Actros 2541 L (6x2-2) mit Marrel-Technik (System MA 26.70 SSL) durch Fahrzeugbau Müller (Wülfrath) ersetzt worden *(kli)*

An der Feuer- und Rettungswache Süderelbe der BF Hamburg ist 2011 ein WLF auf MB Actros 2536 L (6x2-4) mit Meiller-Technik (Typ RK 20.60) in Dienst gestellt worden. Der feuerwehrtechnische Ausbau stammt von Wille (Lüneburg). Ergänzend ist ein Fassi-Ladekran Modell F 105 AXP.24 verbaut worden, der insbesondere zur Be-/Entladung des AB-Schiffsbrandbekämpfung dient *(kli)*

WLF mit AB-Wasser/Schaum der WF OXEA Ruhrchemie GmbH, Oberhausen. Palfinger/Ziegler (ZFT) erstellten den WLF-Aufbau auf einem Scania G 420 LB 8x4 MNA, Baujahr 2012. Im Abrollbehälter werden unter anderem eine FPN 10-3000, ein 3000-l-Löschwasserbehälter, ein 3000-l-Schaummitteltank, ein Schaum-Wasser-Werfer Alco HR 366, eine Schaumdosiereinrichtung FireDos FD 4000 und ein tragbarer Generator BSKA 9 mitgeführt *(Daniel Birus)*

Sonstige Fahrzeuge

Unter diesem Begriff werden alle nicht genormten beziehungsweise nicht in eine bestimmte Kategorie einzuordnenden Feuerwehrfahrzeuge zusammengefasst, zum Beispiel PKW, Kleinalarmfahrzeuge oder Sonderfahrzeuge von Werkfeuerwehren.

Einen Multicar Fumo K 947 Tipper mit Aufbau von Gefas aus Roßla stellte die Werkfeuerwehr des Walzwerks Ilsenburg der Salzgitter AG im Jahr 2011 als LKW in Dienst. Die Ladebordwand stammt von Bär *(thw)*

Für die Abteilung Rohracker der FF Stuttgart hat Schäfer diesen MTW auf einem VW T5 GP ausgebaut. Baujahr: 2011 *(tho)*

MTW der BF Reutlingen. Binz baute das Fahrzeug auf einem MB Vito 113 CDI auf. Baujahr: 2011 *(tho)*

Einen neuen MTW stellte die BF Magdeburg 2011 an der Feuerwache Süd in Dienst. Der VW Crafter 35 wurde in der Version mit kurzem Radstand und Flachdach beschafft *(thw)*

Die BF Göttingen erhielt 2012 diesen Mercedes-Benz Sprinter 316 CDI als MTW. Der Neunsitzer mit mittellangem Radstand (3665 mm) ist im Farbton Leuchtrot nach RAL 3024 lackiert und wurde an der Hauptfeuerwache stationiert *(thw)*

Wie üblich bei kleineren Freiwilligen Feuerwehren wird auch der 2011 übernommene MTW der FF Schwabstedt (Kreis Nordfriesland, Schleswig-Holstein) insbesondere im Bereich der Jugendfeuerwehr genutzt – Ford Transit 115 T 300 (Ausbau lokaler Ford-Händler avk) *(kli)*

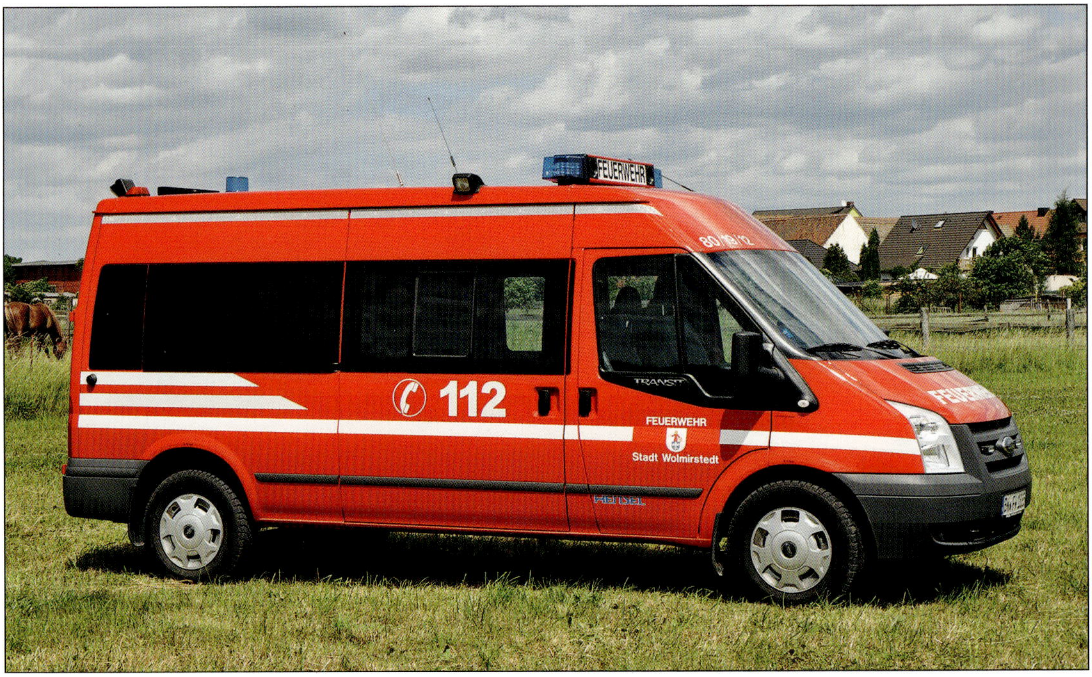

Die FF Wolmirstedt (Bördekreis, Sachsen-Anhalt) erhielt 2011 diesen MTW auf Ford Transit FT 350 mit Hensel-Ausbau. Im Heckladeraum ist eine Halterung eingebaut, in der jeweils einer von verschiedenen Rollcontainern mitgeführt werden kann *(thw)*

Die FF Eschborn (Main-Taunus-Kreis, Hessen) hat 2011 ihr Tiefgaragenfahrzeug (TGF) ersetzt. TDS Invents hat einen VW T5 GP 2.0 TDI mit Doppelkupplungs-Schaltgetriebe (Radstand 3400 mm) ausgebaut. Bemerkenswerte Besonderheit: Vorder- und Hinterachse sind mit einer Luftfederung (Goldschmitt) nachgerüstet worden (Erhöhung zulässige Gesamtmasse auf 3500 kg, Möglichkeit zur Absenkung des Fahrzeugs). Beladung unter anderem: Hochdrucklöschanlage HDL 250 (Oertzen) mit 100-l-Wasserbehälter, Schneidgerät/Spreizer (Akkugeräte) *(kli)*

Rettungsdienstfahrzeuge

Neben den üblichen Krankentransport- und Rettungswagen sowie Notarzt-Einsatzfahrzeugen werden immer öfter auch Spezialfahrzeuge für die Rettung adipöser Patienten oder Intensivverlegungen beschafft.

Im Rahmen der regelmäßigen Ersatzbeschaffung sind 2011 bei der BF Wuppertal zwei baugleiche KTW auf MB Sprinter 313 CDI (kurzer Radstand 3250 mm) mit dem Ausbau von Ambulanz Mobile Schönebeck in Dienst gestellt worden *(kli)*

Die im Rettungsdienst tätige FF Bad Oeynhausen (Kreis Minden-Lübbecke, Nordrhein-Westfalen) hat 2012 einen MB Sprinter 518 CDI-RTW mit WAS-Koffer beschafft (Radstand 3665 mm) *(kli)*

Die BF Köln hat auf veränderte Anforderungen in der Notfallrettung und im Krankentransport reagiert und 2012 einen Schwerlast-RTW für adipöse Patienten beschafft. WAS baute auf einen Kofferaufbau auf einem MAN TGL 10.250 4x2 BL (Radstand 3900 mm) auf. Am Aufbauheck befindet sich eine Ladebordwand (Dhollandia DHLM 20, 1500 kg) zur Auf- und Entnahme der Krankentrage. Der SRTW ist an der Feuer- und Rettungswache Ehrenfeld stationiert *(kli)*

In der Beschaffungsstrategie von Rettungsdienstfahrzeugen gilt Ähnliches bei der BF Hamburg. Der an der Feuer- und Rettungswache Harburg stationierte Hamburger SRTW auf MAN TGL 8.180 4x2 BL (Radstand 3300 mm) ist von Fahrtec Systeme mit einem Vollaluminium-Wechselkoffer gefertigt worden. Auch hier dient eine heckseitige Ladebordwand (Bär) zur Aufnahme der Trage. Das Fahrzeug ist folienbeklebt (Schwefelgelb RAL 1016) *(kli)*

Die Feuerwehr Datteln (Kreis Recklinghausen, Nordrhein-Westfalen) erhielt Ende März 2012 von der Björn-Steiger-Stiftung den ersten Baby-NAW der neuen „Felix"-Baureihe überreicht. In den kommenden fünf Jahren sind insgesamt 60 der Spezialfahrzeuge geplant. System Strobel baute das Fahrzeug 2012 auf einem MB Sprinter 316 CDI auf *(tho)*

Die Bundeswehr hat 2011 am Bundeswehr-Krankenhaus Hamburg einen NAW auf MB Sprinter 516 CDI (Radstand 3665 mm, zulässige Gesamtmasse 5300 kg) stationiert. Den Ausbau des Koffers (RKB Karosseriewerke Döbeln) hat der polnische Hersteller AMZ-Kutno gefertigt. Das Fahrzeug ist im typischen Bundeswehr-Design gehalten. Baugleiche Fahrzeuge sind an den Krankenhaus-Standorten Berlin, Koblenz und Ulm eingesetzt *(kli)*

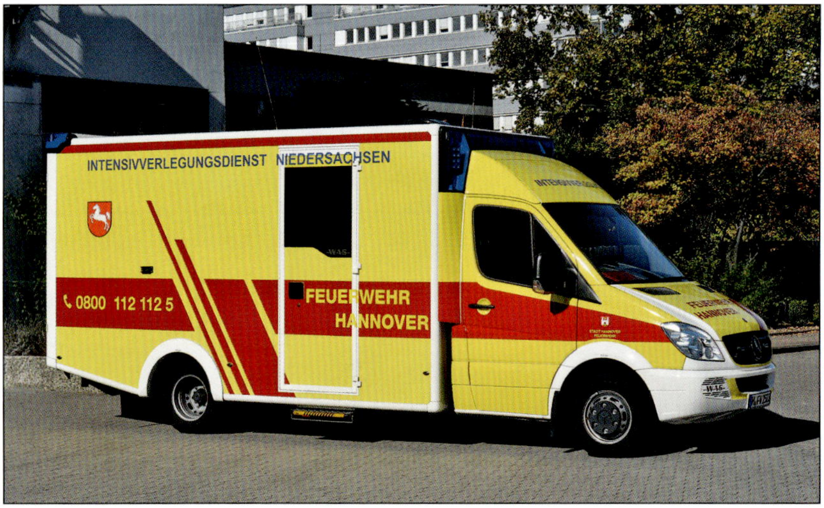

Einen weiteren Notarztwagen für Intensivverlegungstransporte nahm die BF Hannover 2011 in Dienst. Der MB Sprinter 516 CDI erhielt einen Kofferaufbau mit umfangreicher medizinischer Ausstattung von GSF. Zur Beladung zählen ein Corpuls3-Defibrillator mit Zubehör, ein Beatmungsgerät Oxilog 3000, Absaugpumpen, Perfusoren, Notfallrucksäcke und eine Stryker Roll-In-Fahrtrage mit Geräteträger
(thw)

Das 2012 ausgelieferte neue NEF der BF Salzgitter baute GSF aus. Das Fahrzeug basiert auf einem VW Transporter (Generation T5 GP) mit kurzem Radstand und Flachdach. Als Getriebe kommt ein Doppelkupplungs-Schaltgetriebe (DSG) zum Einsatz
(thw)

In Köln werden NEF auch von Kräften der Hilfsorganisationen besetzt. Das abgebildete kommunale Fahrzeug (eines aus einer Serie von vier) ist an der Feuer- und Rettungswache Deutz der Berufsfeuerwehr beheimatet. Fahrgestell: VW T5 GP 2.0 TDI Hochdach (Radstand 3000 mm). Ausbau: WAS, Baujahr: 2012
(kli)

Im Rahmen einer regulären Ersatzbeschaffung hat die BF Hamburg 2012 ein NEF auf einem VW-Fahrgestell mit Miesen-Ausbau in Dienst gestellt – VW T 5 GP 2.0 TDI (3000 mm Radstand, 3000 kg zulässige Gesamtmasse, 140 PS, DSG). Die Ausrüstung ist in einem Einschubmodul im Heck untergebracht. Das abgebildete Fahrzeug ist für die NEF-Station am Allgemeinen Krankenhaus Wandsbek vorgesehen *(kli)*

Zwei weitere VW T5 Fahrgestelle als NEF sind 2011 bei der BF Wuppertal in Dienst gestellt worden. Esser hat zwei baugleiche Fahrzeuge (VW T5 GP 2.0 TDI 4motion, Radstand 3000 mm) im aktuellen Wuppertaler Design geliefert. Das abgebildete Fahrzeug ist an der neu eingerichteten Rettungswache Korzert stationiert worden *(kli)*

Rehabs

Immer häufiger beschaffen Feuerwehren – und dies gilt nicht nur für betriebliche Feuerwehren – gebrauchte, gut erhaltene oder modernisierte Fahrzeuge oder bauen Fahrzeuge vollständig für neue Einsatzzwecke um. Diese Fahrzeuge werden im Englischen als „Rehab", der Kurzform für „rehabilitation" (Instandsetzung), bezeichnet. Solche meist hochinteressanten und für die Feuerwehren kostengünstigen Lösungen werden nachfolgend vorgestellt. Auch hier gilt, dass die Indienststellung in den vergangenen zwei Jahren vor Redaktionsschluss erfolgt sein muss. Unter dem Begriff „Rehab" werden im Jahrbuch drei verschiedene Formen zusammengefasst:

- Indienststellung eines zuvor zivilen Fahrzeugs bei einer Feuerwehr nach Umbau;
- Indienststellung eines gebrauchten, bei einer anderen Feuerwehr ausgemusterten Fahrzeuges bei einer Feuerwehr;
- Massiver Umbau mit Auswirkungen auf das äußere Erscheinungsbild, den Einsatzwert oder den Einsatzzweck.

Einen gebrauchten, 2008 gebauten KdoW übernahm die BF Stuttgart 2011 für das Aus- und Fortbildungszentrum. Fahrgestell: 530 d *(tho)*

Ein ehemaliges Feldjäger-Dienstfahrzeug (Baujahr 2007) konnte die FF Wathlingen (Landkreis Celle, Niedersachsen) im Jahre 2011 als ELW 1 in Dienst stellen. Die Firma Remo baute den MB Vito 109 CDI zum Einsatzleitwagen aus *(thw)*

Die WF Evonik, Rheinfelden (Landkreis Lörrach, Baden-Württemberg), stellte 2011 diesen im Jahr 2009 gebauten MB Vito 111 CDI in Dienst und baute ihn in Eigenleistung zum ELW 1 aus *(tho)*

Der ELW 2 der FF Henstedt-Ulzburg (Kreis Segeberg, Schleswig-Holstein) ist von Schlingmann im Jahr 1989 gebaut (MB O 611 D) und ursprünglich an die FF Norderstedt geliefert worden. Innerhalb des Kreisgebietes ist es 2011 infolge des Erwerbs durch die Nachbargemeinde umgesetzt worden *(kli)*

Kunden der Firma Thoma sind unter anderem kleinere Kommunen, deren Haushaltsmittel die Beschaffung von Neufahrzeugen für die Feuerwehr nicht zulassen. Aufgearbeitete oder in Teilen neu aufgebaute Fahrzeuge finden so den Weg in die Gerätehäuser. Das TSF-W der FF Barsfleth-Thalingburen (Kreis Dithmarschen, Schleswig-Holstein) auf einem gebrauchten Iveco ML 80 E 170 D-Fahrgestell stammt aus dem Jahr 2011, das Fahrgestell aus dem Jahr 2006 *(kli)*

Die Feuerwehr des US Army Airfields Stuttgart erhielt 2012 dieses TLF auf Basis Emergency One „Cyclone II". Das 1999 gebaute Fahrzeug lief zuvor auf dem US Army Airfield Ansbach. Mitgeführt werden 3000 l Wasser und 280 l Schaummittel. Die Feuerlöschkreiselpumpe liefert 1250 gpm (4731 l/min) *(tho)*

Nach einem Unfall musste eines von zwei 2001 gebauten FLF „Buffalo“ der Flughafenfeuerwehr Braunschweig, ein MAN 19.414 FAC mit Rosenbauer-Aufbau, mit starken Schäden ausgesondert und verkauft werden. Nach der umfassenden Reparatur erwarb die FF Beetzendorf (Landkreis Salzwedel, Sachsen-Anhalt) Anfang 2011 das Fahrzeug. Die ursprünglich vorhandene Pulveranlage wurde vor Indienststellung des Fahrzeuges ausgebaut, so dass die Bezeichnung nach bisheriger Norm TLF 24/40 lauten würde. Neu vorhanden ist ein hydraulischer Rettungssatz *(thw)*

Die WF Flughafen Stuttgart nutzte 2011 für mehrere Monate dieses TLF 28/70-4 „Forcer“ zur Kompensation eines Fahrzeugausfalls. Das Leihfahrzeug wurde 2008 von Ziegler auf einem MB Axor 1823 4x2 mit Rechtslenkung aufgebaut und war ursprünglich für einen Kunden in Tansania (Afrika) vorgesehen, der es jedoch nicht abnahm. Die löschtechnischen Einrichtungen umfassen einen 7000-l-Löschwasserbehälter, einen 400-l-Schaummitteltank, eine FP 28/8+3/40 sowie einen manuellen Dachwerfer „Alco HH365“ *(tho)*

Renninger erstellte für die FF Stuttgart, Abteilung Logistik, im Jahr 2011 diesen GW-Logistik. Die Basis bildete ein bereits 1994 zugelassener MB 709 D, der bisher in oranger Lackierung beim Katastrophenschutz der Landeshauptstadt Stuttgart genutzt wurde. Am Heck befindet sich eine Dautel-Ladebordwand mit einer Tragfähigkeit von 1000 kg *(tho)*

In der Nachwendezeit sind oft gebrauchte Feuerwehrfahrzeuge von West nach Ost gegangen. Zwischenzeitlich geht dies auch in umgekehrter Richtung. Die FF Grömitz (Kreis Ostholstein, Schleswig-Holstein) hat 2012 über einen Fahrzeughändler eine DLK 23-12 CC aus dem Jahr 1994 der BF Chemnitz beschafft – Iveco 150 E 27 Eurocargo-Fahrgestell mit Magirus-Aufbau *(kli)*

Jochen Thorns

Neuheiten international

PM (MTW), Ford Transit 140T300, WF DOW, Terneuzen, Baujahr 2012 *Foto: Jochen Thorns*

Feuerwehrfahrzeuge im Ausland werden für viele Fahrzeuginteressierte und für die Beschaffung Verantwortlichen immer interessanter, da sie oftmals andere Lösungen als die heimischen (Norm-)Fahrzeuge bieten – vom optischen Erscheinungsbild ganz zu schweigen. Auch in dieser Ausgabe bieten wir einen Blick ins benachbarte Ausland beziehungsweise auf interessante Export-Produkte. Neu ist ab diesem Jahr, dass bei den französischen Fahrzeugen nur noch die Feuerwehr (SDIS) des Departéments genannt wird, nicht aber mehr die Wache, da die Standorte immer häufiger wechseln – schließlich sind die Feuerwehren in Frankreich nicht mehr kommunal, sondern nach Departément-Ebene organisiert.

Besonderer Dank gilt Olaf Huth und Hans-Joachim Profeld (beide Deutschland), Henri de Beul (Belgien) und Michel Voogd (Niederlande) für die Unterstützung.

Tankautospuit (TLF), Volvo FE42R/300, Gezamenlijke Brandweer (Rotterdam), Aufbau: Ziegler, Baujahr: 2012; FP 30/8+2,5/40, Löschwasserbehälter: 2000 l, Schaummitteltank: 2x40 l (One Seven). Insgesamt sind zwei identische Fahrzeuge beschafft worden (Feuerwachen Kouwenaardseweg und Butaanweg) *Foto: Michel Voogd*

FLF „Panther 6x6-CA5“, Rosenbauer Motors 36.705 6x6, WF Flughafen London-Stansted, Aufbau: Rosenbauer, Baujahr: 2012; FPN 10-6000, Löschwasserbehälter: 11 200 l, Schaummitteltank: 1400 l, Pulverlöschanlage PLA 250, Dachwerfer RM 60 C, Frontwerfer RM 15 C, Leiterentnahmehilfe. Es handelt sich um das 1000. gebaute FLF des Typs „Panther“ *Foto: Jochen Thorns*

FLF „Panther 6x6-CA5“, Rosenbauer Motors 36.705 6x6, WF Flughafen Warschau-Modlin, Aufbau: Rosenbauer, Baujahr: 2012; FPN 10-6000, Löschwasserbehälter: 12 100 l, Schaummitteltank: 1500 l, Pulverlöschanlage PLA 250, Löscharm „Stinger“ (Höhe 16 m), Frontwerfer RM 15 C *Foto: Jochen Thorns*

GTLF, Scania P400 6x2, Feuerwehr Kolding, Aufbau: SAWO, Ausbau: Falck Zentralwerkstatt Kolding, Baujahr: 2011; Ruberg-FPN 5/3000, Löschwasserbehälter: 12 500 l, Schaumtank: 800 l, Tragkraftspritze Tohatsu VC82ASE (PFPN 10-1500)
Foto: Olaf Huth

DLA (K) 23/12 CS GL-T, MB Econic 1833 LL, Feuerwehr Århus, Aufbau: Magirus, Baujahr: 2011
Foto: Olaf Huth

DLA (K) 23/12 GL SE CS (M 32 L-AS), Volvo FM 320, FF Neustift im Stubaital (Tirol), Aufbau: Magirus, Baujahr 2011; Rettungskorb RC 400 (Nutzlast 400 kg)
Foto: Hans-Joachim Profeld

TM 32 (F 32 TLK), Volvo FM 380 4x2 R, FF Amstetten (NÖ), Aufbau: Bronto Skylift, Baujahr: 2011; Arbeitshöhe 32 m, maximale Korblast 500 kg, Steigleitung, Druckluftleitung für Atemschutz im Korb *Foto: Hans-Joachim Profeld*

TLFA 3000, MAN TGM 18.340 4x4 BB, FF Rainfeld, Aufbau Rosenbauer, Baujahr: 2012; FP NH35 (FPN 10-3000+FPH 40-250). Löschwasserbehälter: 3000 l, Schaumzumischanlage FixMix, elektrische Seilwinde 54 kN, Besatzung 1/8, fest eingebauter 7-kVA-Generator, Straßenwaschanlage *Foto: Jochen Thorns*

TLFA 3000, Scania P 340 CB 4x4, FF Aschau im Zillertal (Tirol), Aufbau: Empl, Baujahr 2011; Normal-/Hochdruckpumpe (3000 l/min 10 bar bzw. 250 l/min bei 40 bar), Löschwasserbehälter 3000 l, Besatzung: 1+8

Foto: Hans-Joachim Profeld

RLFA 2000, Volvo 420 FM X 4x4, FF Sparbach (bei Wien/NÖ), Aufbau: Rosenbauer, Baujahr 2012; FP NH 35, Löschwasserbehälter: 2000 l, Dachwerfer RM 25 C, Lichtmast „Flexilight LED“, Seilwinde 50 kN, Besatzung: 1+8

Foto: Hans-Joachim Profeld

RLFA-T 3000-200 (Tunnel), MAN TGM 18.340 4x4, FF Ollern (NÖ), Aufbau: Magirus, Baujahr 2012; FPN 10-3000+FPH 40-250, Löschwasserbehälter: 3000 l, Schaummitteltank: 200 l, Dachwerfer 2400 l/min, 30-kVA-Generator, LED-Lichtmast, Seilwinde 50 kN und Straßenwaschanlage, Besatzung: 1+6. Insgesamt wurden im Frühjahr 2012 sechs derartige Fahrzeuge von der ÖBB an Freiwillige Feuerwehren in Niederösterreich übergeben

Foto: Hans-Joachim Profeld

LFB (Löschfahrzeug mit Bergeausrüstung), MAN TGM 15.290, FF Götzens (Tirol), Aufbau: Rosenbauer, Baujahr 2012; Besatzung 1/8; keine fest eingebaute Feuerlöschkreiselpumpe und kein Löschwasserbehälter. Lichtmast „Flexilight LED", Stromerzeuger, hydraulisches Rettungsgerät, elektrische Leiterentnahmehilfe sowie im Heck pneumatische Absenkvorrichtung für Tragkraftspritze

Foto: Hans-Joachim Profeld

RFA (Rüstfahrzeug Allrad), MB Zetros 1833 A 4x4, FF Hinterbrühl (NÖ), Aufbau: Magirus, Baujahr 2012; Generator 35 kVA, Lichtmast (4 x 1000 W), Seilwinde 50 kN, Oertzen-Hochdrucklöschanlage HDL 250

Foto: Hans-Joachim Profeld

SRF, Scania P 400 6x6, FF Bregenz-Vorkloster (Vorarlberg), Aufbau: Walser, Baujahr 2011; Seilwinde 50 kN. Am Heck Palfinger-Ladekran 22002-EH D (22 m/t). Generator 35 kVA, Lichtmast (5 x 500 W), Besatzung: 1+2

Foto: Hans-Joachim Profeld

WLF mit Abrollbehälter „SLF" (Schweres Löschfahrzeug), Scania P 320 4x2, FF Ried im Innkreis (OÖ), Aufbau: Empl, Abrollsystem: Hiab, Baujahr 2011. Im Heck des Abrollbehälters befindet sich eine TS 8-1000. Besatzung: 1+5 *Foto: Hans-Joachim Profeld*

KFA (Kranfahrzeug Allrad), MB Zetros 1833 4x4, FF Traiskirchen-Tribuswinkel (NÖ), Aufbau: Weinknecht, Baujahr: 2011; Krantyp: Hiab 211 EP-5 HIPRO *Foto: Hans-Joachim Profeld*

SLF, Volvo FM 330 8x4 Trident, WF BASF (Antwerpen), Aufbau: Vanassche/Van Hool, Baujahr: 2011; zwei Schaummittel-Zumischeinrichtungen (CTEK/Ziegler Typ 5/15-4), Schaummitteltank: 22 000 l *Foto: Jochen Thorns*

FLF, Volvo FMX 6x6 High T Ride, WF Flughafen Kortrijk-Wevelgem, Aufbau: Dias, Baujahr: 2012; FPN 10-5000, Löschwasserbehälter: 8000 l, Schaummitteltank: 800 l, Pulver 2 x 150 kg, Generator 4 kVA, Lichtmast 4 x Xenon *Foto: Henri De Beul*

TLF, Volvo FL 290, WF Agfa-Gevaert (Mortsel), Aufbau: Fire Technics, Baujahr: 2011; NH 35, Löschwasserbehälter: 2000 l, Schaummitteltank: 200 l, fest eingebauter 9-kVA-Generator

Foto: Henri De Beul

TLF, Volvo FLL240 Crewcab, WF Volvo Group (Gent), Aufbau: Plastisol/Paja Viher-Vehmas/Fire Technics, Baujahr: 2006, Indienststellung: 2011; Feuerlöschkreiselpumpe: Hale Hydrocar S88 (1600 l/min), Löschwasserbehälter: 3000 l, Schaummitteltank: 50 l, fest eingebauter 6-kVA-Generator, ehemaliges Vorführfahrzeug für Volvo Finnland

Foto: Henri De Beul

GTLF, MB Econic 1933 LL, FF Stekene, Aufbau: Vanassche, Baujahr: 2012; FPN 10-2000 + FPH 40-250, Löschwasserbehälter: 9000 l, Schaummitteltank: 250 l. Das Fahrzeug ist Bestandteil eines Auftrags des Innenministeriums

Foto: Henri De Beul

Wassertankwagen, FF Temse. Als Zugmachine dient ein gebraucht erworbener MB Actros 1840 L, Besatzung: 1/5. Aufbau Tankauflieger: Atcomex, Löschwasserbehälter: 25 000 l, Baujahr:2011; feuerwehrtechnische Ausstattung: Vanassche, 2 x PFPN 10-1500 (Ziegler)

Foto: Henri De Beul

GW-Gefahrgut, Volvo FLL240, BF Antwerpen, Aufbau: Fire Technics, Baujahr: 2012

Foto: Henri De Beul

TM 25, DAF FATCF85, WF Total Raffinaderij (Antwerpen), Aufbau: Fire Technics/Hilton, Baujahr: 2011; FPN 10-6000 (Rosenbauer R600), Schaummittelpumpe: Rosenbauer R60, Schaummitteltank: 5000 l

Foto: Henri De Beul

RTW, MB Sprinter 319 CDI, FF Assenede, Aufbau: Autograph, Baujahr: 2011 *Foto: Henri De Beul*

RTW, MB Sprinter 316 CDI, FF Sint Gillis, Aufbau: Strobel/Ambucar, Baujahr: 2011 *Foto: Henri De Beul*

FLF „Panther 8x8-CA 7 SWB", Rosenbauer Motors RBI 52.1250 8x8, WF Flughafen New Doha (Katar), Aufbau: Rosenbauer, Baujahr: 2012; FPN 10-10000 (N 100), Löschwasserbehälter: 12 500 l, Schaummitteltank: 1600 l, Pulverlöschanlage PLA 225, Dachwerfer RM 60C, Frontwerfer RM 15C

Foto: Jochen Thorns

TLF 18000, MB Actros 4146, Liaoning Fire Bureau (China), Aufbau: Rosenbauer, Baujahr: 2012; FPN 10-10000, Löschwasserbehälter: 12 410 l, Schaummitteltank: 6074 l, RVME-Schaumzumischsystem, Dachwerfer RM 130 C (10 000 l/min bei 10 bar), Selbstschutzanlage

Foto: Jochen Thorns

VL (KdoW), Peugeot 206+, Eigenausbau, SDIS 23 (Creuse), Baujahr: 2011 *Foto: Jochen Thorns*

VL (KdoW), Renault Kangoo, Eigenausbau, SDIS 36 (Indre), Baujahr: 2011 *Foto: Jochen Thorns*

VL (KdoW), Peugeot 107 Automatik, SDIS 83 (Var), Abteilung Vorbeugender Brandschutz, Baujahr: 2011
Foto: Michel Voogd

VLHR (KdoW Allrad), Dacia Duster dCi110 4x4, SDIS 83 (Var), Ausbau: Durisotti, Baujahr: 2011; bis Redaktionsschluss sind neun identische Fahrzeuge in Dienst gestellt worden
Foto: Michel Voogd

URCI (Brandermittlungsfahrzeug), Isuzu D-Max CrewCab, Bureau Enquete Incendie (BEI) 83, Baujahr: 2011; BEI ist eine nationale Brandermittlungsorganisation mit Hauptquartier in Fort de Domont bei Paris. Manche Departéments haben inzwischen eine entsprechende Abteilung, wir hier im Departément Var. Hauptaufgabe ist die Brandursachenermittlung
Foto: Michel Voogd

VSAV (RTW), Renault Master dCi 125, SDIS 23 (Creuse), Ausbau: Picot, Baujahr 2012. Es sind zwei identische Fahrzeug beschafft worden

Foto: Jochen Thorns

BEA 32 (TM 32), Scania P320 DB 4x2 MLA, SDIS 25 (Doubs), Aufbau: Metz Aerials, Baujahr: 2012

Foto: Jochen Thorns

VSR (RW), Renault Midlum 220 DXi, SDIS 83 (Var), Aufbau: Gimaex, Baujahr: 2011; Löschwasserbehälter: 500 l, Warn-Seilwinde 54 kN, Lichtmast, Heckwarneinrichtung *Foto: Michel Voogd*

VSR (RW), Renault Midlum 180 DXi, SDIS 02 (Aisne), Aufbau: Gimaex, Baujahr: 2011; Löschwasserbehälter: 500 l *Foto: Michel Voogd*

VPCE (WLF), Renault Kerax 460 DXi, SDIS 83 (Var), Wechselladeeinrichtung: Guima, Baujahr: 2011. Aufgesattelt ist der AB-Schaummittel (Behm, Baujahr: 2011) mit 6 x 1000 l Schaummittel *Foto: Michel Voogd*

CEPARI (Mobile Atemschutzübungsanlage), MAN TGA 18.440, SDIS 83 (Var), Aufbau: Kaiser/Behm, Baujahr: 2011. Die mobile Atemschutzübungsanlage besteht aus einer Strecke auf drei Ebenen und wird an verschiedenen Feuerwachen eingesetzt. Das Zugfahrzeug gehört der Fahrzeugzentralwerkstatt der Feuerwehr (Baujahr 2006) *Foto: Michel Voogd*

FPT (TLF), Renault Midlum 270 DXi, SDIS 02 (Aisne), Aufbau: Gimaex, Baujahr: 2011, FPN 15-2000 (Rosenbauer), Löschwasserbehälter: 3100 l, Schaummitteltank: 200 l
Foto: Michel Voogd

FPT (TLF), MB Atego 1528 F, SDIS 83 (Var), Aufbau: Gimaex, Baujahr 2003, Umbau 2011; FPN 15-2000 (Rosenbauer N 30), Löschwasserbehälter: 3000 l, Schaummitteltank: 250 Liter. Das Fahrzeug musste nach Einsatzschäden umfassend repariert werden
Foto: Jochen Thorns

CCFM (WTLF), Renault Midlum 270 DXi, SDIS 83 (Var), Aufbau: Gimaex, Baujahr: 2011; FPN 15 1000, Löschwasserbehälter 3400 l (inklusive 400 l für die Selbstschutzanlage), Schaummitteltank: 100 l

Foto: Jochen Thorns

CCFS (WTLF schwer), MB Axor 1833 AKN, SDIS 83 (Var), Aufbau: Gallin, Baujahr: 2012; FPN 10-2000, Löschwasserbehälter: 6600 l (inklusive 480 l für die Selbstschutzanlage), Schaummitteltank: 480 l

Foto: Jochen Thorns

CCFL (WTLF leicht), Landrover Defender 110, CCFF Sainte Maxime, Aufbau: Gallin, Baujahr: 2011; Löschwasserbehälter: 530 l. CCFF steht für Comité Communal Feux de Forêts (kommunales Komitee für Waldbrände). Hierbei handelt es sich um einen Freiwilligenverband der Kommune, der vor allem für Patrouilleaufgaben im Rahmen der Waldbrandprävention eingesetzt wird

Foto: Jochen Thorns

CCFL (WTLF leicht), VW Amarok Tdi 4motion, CCFF Roquebrune-sur-Argens, Aufbau: Gallin, Baujahr 2012; Löschwasserbehälter: 500 l. Die CCFL dienen nur der Entstehungsbrandbekämpfung und Patrouilleaufgaben

Foto: Jochen Thorns

CCFL (WTLF leicht), Ford Ranger, Staatliche Forstbehörde (ONF), Aufbau: Lambert, Baujahr: 2011; Löschwasserbehälter: 600 l. Die CCFL der Staatlichen Forstbehörde werden vor allem für Patrouillcaufgaben im Rahmen der Waldbrandprävention eingesetzt

Foto: Jochen Thorns

CCFL (WTLF leicht), Ford Ranger, Staatliche Forstbehörde (ONF), Aufbau: Technamm, Baujahr: 2011; Löschwasserbehälter: 600 l. Das Löschmodul wurde aus einem Vorgängerfahrzeug übernommen

Foto: Jochen Thorns

VSAV (RTW), Citroën Jumper, SDIS 83 (Var), Aufbau: Picot, Baujahr 2011. Das Fahrzeug verfügt über das von der Firma FAM entwickelte System „Motricité Renforcée". Hierbei handelt es sich um eine Anpassung des Straßenfahrgestells für die Fahrt im leichten Gelände (Differenzial, Räder, Unterbodenverstärkung) *Foto: Jochen Thorns*

VLHR (KdoW), Dacia Sandero 1.5 DCi 70 Stepway, SDIS 83 (Var), Baujahr: 2011 *Foto: Jochen Thorns*

Thorsten Waldmann

Das Hytrans Fire System bei Feuerwehren in Deutschland

Seit den Anfängen des organisierten Feuerlöschwesens ist der Transport des hauptsächlich verwendeten Löschmittels Wasser zur Brandstelle von höchster Bedeutung für eine effektive Brandbekämpfung. Verwendete man zunächst noch Eimer, die als „Eimerkette" nach vorn gebracht wurden, so stellte die Erfindung des Feuerlöschschlauches durch den Niederländer Jan van der Heyde (wohl im Jahre 1673) den entscheidenden Durchbruch dar – bis zum heutigen Tage leitet die Feuerwehr in aller Welt ihr Löschwasser durch Schläuche.

Speziell an ausgedehnten Brandstellen hat der Einsatz konventioneller Druckschläuche jedoch Nachteile. Ein Hauptproblem stellen die auftretenden Druckverluste dar. Durch den Einsatz von Schläuchen mit deutlich größerem Durchmesser, als ihn beispielsweise B-Druckschläuche aufweisen (75 mm Innendurchmesser), gehen die Reibungsverluste in der Potenz des Durchmessers zurück. Ein F-Schlauch (150 mm) hat im Vergleich zum B-Schlauch bei gleicher Länge somit einen um das 50-fache geringeren Reibungsverlust.

Durch größere Mengen verlegter Schläuche wird eine Einsatzstelle zudem unter Umständen schnell unübersichtlich, auch die Unfallgefahr steigt an. Nicht zuletzt ist der erforderliche Personalaufwand – nicht nur zum Auslegen, sondern auch zum Aufnehmen der Schläuche – oftmals beträchtlich.

Seit den 1990er-Jahren wird zur Wasserförderung über lange Wegstrecken – auch größerer Wassermengen – auch in Deutschland das Hytrans Fire System

In Braunschweig wird der 2010 ausgelieferte AB-HFS durch die Ortsfeuerwehr Innenstadt der FF eingesetzt. Der AB ist mit 1500 m F-Schlauch beladen und verfügt über ein Pumpenmodul. Fahrgestell: MAN TGA 28.350 BL 6x4, Aufbau Meiller, Atlas-Ladekran

Durch Verwendung hochgeländegängiger Fahrgestelle (KAT I) ist die BF Duisburg in der Lage, ihr HFS auch in für Straßenfahrzeuge schwierigerem Gelände zu verlegen

Foto: BF Duisburg

(HFS) der niederländischen Firma Kuiken Hytrans B.V. eingesetzt, welches gleich mehrere der aufgezeigten Nachteile vermeidet. Das HFS ist modular aufgebaut; je nach Bedarf des Anwenders kann es in verschiedenen Kombinationen geliefert werden. In Deutschland werden überwiegend Abrollbehälter eingesetzt, die eine Kombination aus Schlauchbehälter und absetzbarer Pumpeneinheit darstellen.

Kernstück des HFS ist eine ölhydraulisch angetriebene Schwimmpumpe – exakt: Tauchpumpe mit Schwimmkörper – zur Löschwasserentnahme aus offenen Gewässern. Ein Motorpumpenaggregat (Herstellerbezeichnung „Hydrosub") treibt die Tauchpumpe an. Es ist – jedenfalls in der in Deutschland überwiegend zur Anwendung kommenden Variante – in einem separaten Rahmen auf dem Abrollbehälter gelagert und wird in der Nähe der Wasserentnahmestelle abgesetzt. Fest eingebaut ist in der Regel ein Volvo-Sechszylinder-Dieselmotor, der das Hydraulikaggregat zum Betrieb der Schwimmpumpe antreibt. Die Verbindung vom Hydraulikaggregat zur Schwimmpumpe wird durch zwei 60 m lange Ölhydraulikschläuche hergestellt.

Nachdem das Pumpenaggregat abgesetzt ist, werden die Schläuche – hierbei handelt es sich mindestens um F-Schläuche mit einer lichten Weite von 150 mm – vom fahrenden Fahrzeug aus im Prinzip wie bei einem normalen Schlauchwagen SW 2000-Tr oder SW-KatS verlegt. Auf diese Weise kann mit vergleichsweise geringem Personalaufwand in kurzer Zeit eine sehr leistungsfähige Löschwasserversorgung aufgebaut werden. Durch entsprechende Verteiler (beispielsweise F-5-B-Verteiler) kann das Wasser an einem Übergabepunkt in die bei der Feuerwehr allgemein üblichen B-Druckschläuche geleitet werden. Eine F-Leitung kann insgesamt etwa sieben B-Leitungen speisen. Eine andere interessante Einsatzmöglichkeit besteht im Betrieb besonders leistungsfähiger Werfer, die in Deutschland besonders von Werkfeuerwehren, seltener von kommunalen Feuerwehren beschafft wurden.

Das erste HFS bei einer Feuerwehr in Deutschland erhielt 1997 die BF Duisburg, hier 1999 fotografiert auf MB 2632/6x4 K mit Meiller-Wechselladeeinrichtung (Baujahr 1976) an der heute nicht mehr existierenden Feuerwache Laar. Der Abrollbehälter wurde noch unter der alten Bezeichnung „Holland Fire System" ausgeliefert

Dieses Bild zeigt, wie die Pumpeneinheit an der Wasserentnahmestelle abgesetzt wird. In der linken Hälfte des Abrollbehälters befindet sich das Schlauchfach, das nach hinten (zum Verlegen der Schläuche) und oben (zum Wiederbestücken) geöffnet werden kann

Kurze Zeit später: Die Schwimmpumpe ist zu Wasser gebracht (links am Bildrand die beiden Hydraulikschläuche), das WLF beginnt mit der Verlegung der Schlauchleitung

Die Schwimmpumpe sollte mit mindestens einer Arbeitsleine gesichert werden

In speziellen aufklappbaren Schlauchbrücken werden die F-Schläuche leicht gequetscht

Die Feuerwehr Emden stationierte ihren AB-Pumpe von Hytrans bei der Ortsfeuerwehr Borssum der Freiwilligen Feuerwehr. Das hier gezeigte WLF auf Scania R 113 HL 360 6x4 L (Baujahr 1994, Umbau zum Feuerwehrfahrzeug 2001) mit Atlas-Wechselladeeinrichtung AKR 172 ist mittlerweile ersetzt worden

Bei der Werkfeuerwehr des Kernkraftwerkes Gundremmingen wurde Anfang 2009 ein zweiachsiger Volvo FL 7 mit „Combi-Container" (so die Bezeichnung des Herstellers) in Dienst gestellt; mitgeführt werden 800 m F-Schlauch
Foto: Jochen Thorns

Die BF Mannheim setzte dieses WLF auf MB 2536 6x4 (Baujahr 1996, Atlas-Wechseleinrichtung, Ladekran Atlas 100.1) zunächst mit dem hier gezeigten AB-HFS ein; er ist mittlerweile bei der Feuerwehr Ulm in Dienst
Foto: Christoph Gemperlein

AB-Wasserförderung der BF Hannover, hier auf dem speziell hierfür beschafften geländegängigen Fahrgestell MB Actros 4148 AK 8x8/4 (Meiller-Wechselladeeinrichtung RK 20.40, HIAB-Ladekran XS 244 EP-5 HIPRO, Baujahr 2009)

Bei der BF Ludwigshafen steht dieser Abrollbehälter (Herstellerbezeichnung HFS 3000) in Dienst, er verfügt ebenfalls über ein Pumpenmodul. Hier ist der AB aufgesattelt auf einem WLF mit Meiller-Wechselladeeinrichtung (Typ RK 20.65) auf Scania R 114 GB 6x4 NZ 340, Baujahr 2002

WLF der BF Stuttgart auf MB Actros 2535 mit Meiller-Wechselladeeinrichtung, Baujahr 1999. Aufgesattelt ist der AB-Wasserförderung mit absetzbarem Pumpenmodul, Baujahr 2010, aus der Landesbeschaffung. Der AB ist mit einem Hydrosub 150 ausgestattet und mit 1800 m F-Schlauch beladen

Foto: Jochen Thorns

Da die F-Schläuche auch im entleerten Zustand außerordentlich schwer und unhandlich sind, verfügen die in Deutschland eingesetzten HFS über hydraulische Schlauchaufnahmevorrichtungen („Hose-Recovery-Unit“, HRU), mit deren Hilfe die Schläuche nach Einsatzende wieder in das Schlauchfach gelegt werden können. Gleichwohl ist der Zeitaufwand für das Aufnehmen der Schläuche erheblich höher als derjenige für das Verlegen.

Das System eignet sich aufgrund seiner Leistungsdaten nicht nur für die Löschwasserversorgung bei Großbränden, sondern auch für das Lenzen im Hochwassereinsatz oder zum Beispiel für das Lenzen leckgeschlagener Schiffe. Der Lenzsatz kann in kurzer Zeit – unter Ausbau des Laufradsatzes für die Brandbekämpfung – montiert werden. Bei verringertem Druck (etwa 2 bar) steigt der Förderstrom erheblich an, er beträgt bei den von kommunalen Feuerwehren in Deutschland überwiegend eingesetzten Systemen etwa 8000 l/min.

Das Hytrans-System ist mit den verschiedensten Pumpenleistungen lieferbar. Die Werte reichen von 1500 l/min bei 10 bar bis zu 22 000 l/min bei 12 bar für die Brandbekämpfung und von 4000 l/min bis zu 40 000 l/min zur Entwässerung. Der Hersteller bezeichnet die entsprechenden Pumpeneinheiten als Hydrosub 60, 150 (die in Deutschland gebräuchlichste Ausführung), 450 beziehungsweise 900.

Auch wenn sämtliche in Deutschland bisher beschafften HFS in der Variante als Abrollbehälter für Wechselladerfahrzeuge ausgeführt sind, sei noch auf zwei weitere Alternativen hingewiesen, die der Hersteller ebenfalls anbietet: Zum einen ist die Verlastung auf Anhängern möglich, zum anderen aber auch die feste Montage des Aufbaues auf einem Lkw-Fahrgestell.

Die Feuerwehr Hamburg setzt diesen mit A- und F-Schläuchen bestückten AB-Schlauch ein, der ungewöhnlicherweise nicht über ein Hydrosub-Pumpenmodul verfügt. Die Wasserförderung erfolgt mit Hilfe von bis zu vier Grindex-Tauchpumpen, die in einem weiteren Abrollbehälter an die Einsatzstelle gebracht werden
Foto: Dr. Stefan Kappus

Die erste deutsche Feuerwehr überhaupt, die ein HFS beschaffte, war die BF Duisburg. Der 1997 gebaute AB-HFS wurde noch unter der alten Bezeichnung „Holland Fire System" geliefert. Es handelt sich um einen Abrollbehälter mit Hydrosub und Schlauchbehälter mit Schlauchaufnahmeeinrichtung HRU. Heute wird das System durch den Löschzug 210 der Freiwilligen Feuerwehr Duisburg (Löscheinheiten Laar, Meiderich, Bruckhausen) zum Einsatz gebracht, ist allerdings mit dem dazugehörigen WLF in der Hauptfeuerwache in der Wintgensstraße stationiert.

Eine vergleichbare Organisation des HFS-Einsatzes ist bei der Feuerwehr Bremen zu finden, die mit dem Beschaffungsjahr 1998 ebenfalls noch zu den Pionieren in Deutschland zählt: Das WLF mit dem HFS-Abrollbehälter ist an der Feuerwache 2 stationiert und wird je nach Einsatzort entweder durch die FF Bremen-Neustadt oder durch die FF Bremen-Schönebeck besetzt.

Bei den weitaus meisten in Deutschland in Dienst gestellten HFS handelt es sich – wie schon bei der BF Duisburg – um Abrollbehälter für Wechsellader-fahrzeuge, die mit einem Pumpenmodul mit Hydrosub-Schwimmpumpe und einem Schlauchbehälter für F-Schläuche und Schlauchaufnahme ausgerüstet sind. In der Regel kommen F-Schläuche mit einer Nennweite von 150 mm zur Verwendung, nur einige wenige Werkfeuerwehren verwenden die noch größeren 10- oder gar 12-Zoll-Schläuche (etwa 250 beziehungsweise 300 mm).

Die Anzahl der mitgeführten F-Schläuche variiert bei den einzelnen Feuerwehren. Während viele Anwender auf 2000 m Schlauchlänge (also 40 Schläuche von je 50 m Länge) setzen, finden sich auch Abrollbehälter mit 1000 m (WF SCA Mannheim), 1500 m

(FF Braunschweig-Innenstadt, WF InfraServ Wiesbaden) oder 1800 m (Landesbeschaffung Baden-Württemberg) Schlauchmaterial.

Eine von den üblichen Konstellationen abweichende Lösung setzt die Feuerwehr Hamburg ein. Der dortige AB-Schlauch, mit A- und F-Schläuchen beladen sowie mit einer HRU ausgestattet, verfügt nicht über einen Hydrosub-Pumpencontainer. Stattdessen werden für die Wasserförderung vier Grindex-Pumpen verwendet, die in einem weiteren Abrollbehälter (AB-Pumpe) verlastet sind. Zusätzlich kommt ein Generatoranhänger 200 kVA (GA 200) zum Einsatz, der von einem Wechselladerfahrzeug mit AB-GA 200 (Hochmulde) gezogen wird. Die WF SCA Mannheim verwendet ebenfalls keine HFS-Schwimmpumpe, sondern führt stattdessen in der Pumpeneinheit drei Rosenbauer-Tragkraftspritzen mit.

Noch größere Systemlösungen finden sich bei einigen Werkfeuerwehren. Die WF Ruhr Oel Gelsenkirchen (BP) setzt ein System auf der Basis von 10-Zoll-Schläuchen (etwa 250 mm Innendurchmesser) ein. Es umfasst an den beiden Standorten Scholven und Horst insgesamt zwei AB-Schlauch, zwei AB-Pumpe (je 22 000 l/min, neben diesen fest im Aufbau eingebauten Pumpen verfügen die AB-Pumpe über jeweils zwei 11 000-l-Schwimmpumpen), einen AB-Hydrosub Super HiFlow für die Entwässerung, einen Reserve-AB-Schlauch, auf welchem unter anderem auch Schlauchbrücken verlastet sind, und einen entsprechend leistungsfähigen Wasserwerfer, der auf einem Anhänger montiert ist. Die Werkfeuerwehr BP Europa SE Erdölraffinerie Emsland in Lingen verfügt ebenfalls über einen AB-Pumpe mit einer Förderleistung von 22 000 l/min. Auch die Flughafenfeu-

Die WF Erdöl-Raffinerie Emsland Lingen verfügt über diesen 1999 gebauten AB-Feuerlöschpumpe. Mitgeführt werden zwei Tauchpumpen (12 000 l/min), im Abrollbehälter eingebaut ist eine Druckerhöhungspumpe („Booster") für einen Förderstrom von 22 000 l/min bei 12 bar. WLF-Fahrgestell: MB Actros 4140 A 8x8/4, Meiller, Baujahr 2000

Über die wohl umfangreichste HFS-Ausstattung in Deutschland verfügt die Werkfeuerwehr Ruhr Oel Deutschland in Gelsenkirchen; hier die wesentlichen Bestandteile der am Standort Scholven vorhandenen Fahrzeuge und Abrollbehälter

Foto: WF Ruhr Oel Deutschland (BP), Gelsenkirchen

erwehr in Frankfurt am Main (WF Frankfurt Airport) setzt 10-Zoll-Schläuche (aber auch 6-Zoll-Schläuche) ein. Hier sind insgesamt drei HFS-Abrollbehälter vorhanden – zwei mit absetzbarem Pumpenmodul sowie ein weiterer mit 3000 m Schlauchmaterial.

Die Feuerwehren bezeichnen ihre Abrollbehälter mit Hytrans-Fire-System-Komponenten unterschiedlich. Gebräuchlich sind vor allem die Bezeichnungen AB-Wasserförderung (AB-WF oder auch AB-WaFö), AB-Wasserversorgung (AB-WV), AB-Pumpe oder einfach AB-HFS.

Mittlerweile sind sogar zwei Landesbeschaffungen von HFS erfolgt, zum einen in Rheinland-Pfalz und zum anderen in Baden-Württemberg. Das Land Baden-Württemberg beschaffte für den Bevölkerungsschutz im Jahre 2010 sechs baugleiche AB-Wasserförderung mit absetzbaren Pumpenmodulen und stationierte diese bei der FF Konstanz sowie den BF Freiburg, Heilbronn, Karlsruhe, Mannheim und Stuttgart. Für die BF Mannheim handelte es sich bereits um den zweiten AB-Wasserförderung; der ältere wurde 2010 an die Feuerwehr Ulm abgegeben. Wie viele andere HFS auch, so sind die vom Land Baden-Württemberg beschafften mit zwei verschiedenen Laufradsätzen bestückt, hier einem Laufradsatz „Druck“ (Förderstrom 3500 l/min bei 11 bar) und einem Laufradsatz für Lenzbetrieb, auch Hi-Flow genannt (8000 l/min bei 2,1 bar). Der Wechsel zwischen beiden Laufrädern ist innerhalb einer Viertelstunde möglich. Es werden 36 F-Schläuche mitgeführt, was bei einer Länge von 50 m je Schlauch einer Gesamtlänge von 1800 m entspricht.

WLF der WF Ruhr Oel Gelsenkirchen, MB Actros 2643 L, Meiller, Baujahr 2004, mit AB-Schlauch von HFS-Kuiken Hytrans B.V., ebenfalls Baujahr 2004 – die Pumpenleistung beträgt 22 000 l/min bei 8 bar

Foto: Dirk Wieczorek

Standorte von HFS in Deutschland

Kommunale Feuerwehren

Braunschweig, FF Innenstadt
Bremen, BF/FF Neustadt
Duisburg, BF/FF LZ 210
Düsseldorf, BF
Emden, FF Borssum
Essen, BF
Flörsheim, FF
Freiburg, BF
Gelsenkirchen, BF
Gronau, FF
Hamburg, BF
Hannover, BF
Heilbronn, BF
Karlsruhe, FF
Koblenz, BF
Konstanz, BF
Krefeld, FF Uerdingen
Ludwigshafen, BF
Magdeburg, BF
Mannheim, BF
Osnabrück, BF
Pfaffenhofen, Landratsamt (Standort WF Cassidian, Manching)
Stuttgart, BF
Ulm, FF

Werkfeuerwehren

Frankfurt: WF Frankfurt Airport
Gelsenkirchen: WF Ruhr Oel Deutschland, Werk Horst
Gelsenkirchen: WF Ruhr Oel Deutschland, Werk Scholven
Gendorf: WF InfraServ
Gersthofen: WF IGS
Gundremmingen: WF KGG Kernkraftwerk
Hamburg: WF Holborn Europa Raffinerie
Karlsruhe: WF MIRO Raffinerie
Lingen: WF BP Europa SE – Erdölraffinerie Emsland
Ludwigshafen: WF BASF
Mannheim: WF SCA
Münchsmünster: WF Industriepark Münchsmünster
Nünchritz b. Meißen: WF Wacker Chemie
Salzbergen b. Rheine: WF H&R ChemPharm
Vohburg/Neustadt: WF Bayernoil
Wiesbaden: WF InfraServ
Wilhelmshaven: WF Nord-West Oelleitungen NWO

8x8-WLF der BF Duisburg beim Verlegen der F-Schlauchleitung *Foto: BF Duisburg*

Jochen Thorns

KLF 6

Eine Württemberger Spezialität

In Württemberg sind Kleinlöschfahrzeuge KLF 6 ab Mitte der 1950er-Jahre weit verbreitet gewesen, ohne dass der Fahrzeugtyp jemals Eingang in ein Normblatt gefunden hatte. Wie kam es also dazu, dass das KLF 6 so etwas wie das Standardlöschfahrzeug der Württemberger Feuerwehren war?

Die Entwicklung des KLF 6 ist eng verbunden mit der Entwicklung der Feuerwehrfahrzeugnormen überhaupt. Der für Feuerlöschkraftfahrzeuge zuständige Arbeitsausschuss 3 des Fachnormenausschusses Feuerlöschwesen (FNFW) beschloss auf seiner Tagung am 31. Oktober/1. November 1952 eine Typenreihe von Löschfahrzeugen, die aus seiner Sicht erforderlich waren. Dazu gehörte auch ein Kleinlöschfahrzeug KLF-TS 6 mit einer Besatzung von 1/4 oder 1/5 (dies stand noch nicht fest) und einer eingeschobenen Tragkraftspritze TS 6. Bereits im Laufe des Jahres 1952 war diskutiert worden, ob ein Kleinlöschfahrzeug als Sonderfahrzeug außerhalb der Reihe der Löschfahrzeuge genormt werden soll.

Die Ausrüstung vieler Feuerwehren im ländlichen Raum bestand damals aus einem Tragkraftspritzenanhänger (TSA), der im Einsatzfall hinter einen Traktor, einen Lieferwagen oder einen Pkw gehängt und zur Einsatzstelle gezogen wurde. Die Mitglieder des Arbeitsausschusses 3 sahen aber bereits 1952 das Problem, dass die „Vorspanndienste" in Zukunft aufgrund damals neuer gesetzlicher Regelungen nur noch eingeschränkt möglich seien. „Um einer wilden Entwicklung von Behelfslösungen vorzubeugen, erschien es dringend ratsam, einen Fahrzeugtyp für solche Fälle zu schaffen, wo ein Tragkraftspritzenanhänger auch in Zukunft noch ausreichen wird", so der Obmann des Arbeitsausschusses 3, Lothar Garski, rückblickend in der Fachzeitschrift Brandschutz 1/1956.

Erste Normblatt-Entwürfe für das KLF-TS 6 wurden Anfang 1953 erarbeitet. Das Fahrzeug sollte eine Staffelbesatzung, eine eingeschobene Tragkraft-

KLF 6 der FF Beuren, Opel-Blitz 1,75 t/Ziegler, Baujahr 1955

KLF 6 der FF Neckartenzlingen, Opel-Blitz 1,75 t/Ziegler, Baujahr 1955

spritze TS 6 und ein Fahrgestell mit einer Nutzlast von einer bis 1,25 Tonnen haben. Ein Bericht in der Fachzeitschrift Brandschutz war mit zwei Varianten des KLF-TS 6 bebildert: einerseits mit einem VW Transporter, ausgebaut von Magirus und 1951 bei der IAA erstmals vorgestellt, sowie andererseits mit einem (zivilen) Fahrgestell Ostner-Rex mit Doppelkabine und einer Nutzlast von 1,25 Tonnen. Die Entwicklung des KLF-TS 6 wurde in der Fachwelt diskutiert, handelte es sich doch um einen neuen, bisher unbekannten Fahrzeugtyp. Ende 1953 war für das Fahrzeug die DIN 14537 vorgesehen. Zum gleichen Zeitpunkt hatte Magirus mit dem VW Transporter (wie andere Firmen auch, zum Beispiel Ziegler) und einem Tempo Matador zwei Fahrgestelle für KLF-TS 6 aufgebaut und der Fachwelt präsentiert. In einer Pressemitteilung, abgedruckt im Brandschutz 12/1953, warb das Ulmer Unternehmen auch für ein KLF-TS 8, das äußerlich wie ein Löschgruppenfahrzeug LF 8 aussehe, eine Staffelbesatzung mitführe und auf Wunsch über eine Vorbaupumpe verfügen könnte – ein deutlicher Hinweis auf die Württemberger Ausführung des KLF 6.

Die Normungsarbeiten zogen sich jedoch noch über Jahre hin. Erst zum 1. Oktober 1955 wurde die DIN 14530 „Löschfahrzeuge, Allgemeine Richtlinien" veröffentlicht. Die einzelnen Fahrzeugtypen wurden in so genannten Baurichtlinien als Beiblätter zur Norm beschrieben. Anstelle des bisherigen KLF-TS 6 gab es in den Heften 9 und 10 der Baurichtlinien nun die beiden Varianten des Tragkraftspritzenfahrzeuges TSF beziehungsweise TSF-T; die technischen wie einsatztaktischen Anforderungen entsprachen weitgehend denen des KLF-TS 6. Vor allem aus Kostengründen war für die Tragkraftspritzenfahrzeuge ein 1-Tonnen-Fahrgestell eines Kleintransporters vorgegeben worden.

Zusammen mit der Industrie wurde vereinbart, dass ab dem 1. Oktober 1955 nur noch Normfahrzeuge angeboten werden; für Fahrzeuge, die bereits bestellt waren und die nicht den neuen Baurichtlinien entsprachen, lief eine so genannte Auslauffrist bis zum 1. Juli 1956. In diesem Zusammenhang ist interessant, dass sich die Industrie bereits ab Mitte 1954 aufgrund der jahrelangen Normungsarbeiten bereit erklärte, die laufenden Fertigungsserien jeweils auf dem Stand der erarbeiteten Norm-Unterlagen zu halten und anzubieten.

Zur gleichen Zeit wie der Arbeitsausschuss 3 die Normungsarbeiten am KLF-TS 6 aufnahm, gab es auch im damaligen Regierungsbezirk Nordwürttemberg (heute, wenn auch in teilweise geänderten Grenzen, der Regierungsbezirk Stuttgart) Überlegungen, wie die ländlichen Feuerwehren kleinerer und mittle-

KLF 6 der FF Herbertingen, Opel-Blitz 1,75 t/Ziegler, Baujahr 1955, als Sonderausstattung wird eine vierteilige Steckleiter mitgeführt

Blick auf die Beladung des KLF 6 der FF Herbertingen

rer Gemeinden bis etwa 3000 Einwohner kostengünstig motorisiert werden können. Der damalige Inspekteur für das Feuerlöschwesen im Regierungspräsidium Nordwürttemberg, Regierungsbaurat Dipl.-Ing. Raue, verhandelte mit der Industrie über den Bau von KLF-TS 6. Diese Fahrzeuge basierten auf den aktuellen Normungsüberlegungen der Jahre 1952/53, also mit Staffelbesatzung, einer eingeschobenen TS 6 und einer feuerwehrtechnischen Beladung. Obwohl das KLF 6 äußerlich, aber auch vom Einsatzwert, eher dem Löschgruppenfahrzeug LF 8 ähnelte, hatte es mit diesem nichts zu tun, sondern war eigentlich eine Sonderform des späteren TSF.

Die rund zweijährigen Überlegungen sowie Verhandlungen mit der Feuerwehrgeräteindustrie führten am 9. März 1954 zu einer Richtlinie über den Bau von KLF 6 im Regierungsbezirk Nordwürttemberg. Wörtlich heißt es beim Bericht über die „Tagung der Feuerwehrführer des Regierungsbezirks Nordwürttemberg" am 2. April 1954 in der Fachzeitschrift Brandschutz 1/1954: „In Verhandlungen mit der Industrie konnte erreicht werden, daß verschiedene Kraftfahrzeugfirmen Kleinlöschfahrzeuge KLF-TS 6 herstellen. Diese Kleinlöschfahrzeuge sollen die Schlagkraft der Feuerwehren in kleinen und mittleren Gemeinden erhöhen. Das Regierungspräsidium hat Richtlinien für den Bau dieser Löschfahrzeuge herausgegeben. Die Kleinlöschfahrzeuge kosten mitsamt Ausrüstung etwa 20 000 Mark. Das Regierungspräsidium gewährt für die Anschaffung der Kleinlöschfahrzeuge namhafte Zuschüsse."

Diese Baurichtlinie erklärt auch die Verbreitung der KLF 6 fast ausschließlich in Nordwürttemberg, wobei eine Konzentration vor allem in den heutigen Landkreisen Böblingen, Esslingen, Göppingen und Heidenheim festzustellen ist. Außerhalb des Regierungsbezirks wurden nur sehr vereinzelt die Fahrzeuge gekauft, zum Beispiel in Herbertingen (Landkreis Sigmaringen), Heimsheim (Landkreis Pforzheim) und Jöhlingen (Landkreis Karlsruhe).

Bekannt sind nur KLF 6 auf Basis des Opel-Blitz 1,75 t mit Aufbauten von Metz und Ziegler. Magirus stellte zwar Planungen Ende 1953 in der Presse vor, baute vermutlich jedoch nur wenige Fahrzeuge auf Basis des Ostner-Rex[1]. Fotografisch belegt sind zwei Fahrzeuge, nämlich das Vorführfahrzeug, dessen Verbleib unklar ist. Das zweite, 1954 gebaute KLF war von 1969 bis 1989 bei der WF Aerzener Maschinenfabrik GmbH (Aerzen/Landkreis Hameln-Pyrmont/Niedersachsen) im Einsatz, ehe es über einen Sammler in das Eisenbahn- und Technik-Museum Rügen in Prora gelangte. Zuvor soll es bei einer Freiwilligen Feuerwehr in der Lüneburger Heide (Niedersachsen) im Einsatz gewesen sein. Vermutlich waren das insgesamt zu kleine Fahrgestell mit einem zu schwachen 1,1-Liter-Motor mit 38 PS sowie ein enger Mann-

KLF 6 der Abt. Musberg der FF Leinfelden-Echterdingen, Opel-Blitz 1,75 t/Metz, Baujahr 1955, Vorbaupumpe VP6. Das Fahrzeug war bis 1985 im Einsatzdienst. Die Metz-Fahrzeuge verfügten im Gegensatz zu den Ziegler-KLF über seitliche Jalousien

Das erste KLF 6 überhaupt erhielt die FF Leinfelden (heute Leinfelden-Echterdingen). Metz lieferte das Fahrzeug 1954 aus

Foto: Metz Arials

Blick auf die Beladung. Die Anordnung war aufgrund der Baurichtlinie mit der Ziegler-Ausführung gleich *Foto: Metz Arials*

Magirus-Vorführfahrzeug des KLF auf Basis des Ostner Rex *Foto: Iveco Magirus/Historisches Archiv*

Die Besatzung saß bei den Magirus-KLF auf Ostner Rex längs zur Fahrtrichtung *Foto: Iveco Magirus/Historisches Archiv*

schaftsraum, in dem die Mannschaft längs zur Fahrtrichtung saß, Gründe für den Misserfolg von Magirus.

Der Opel-Blitz 1,75 t verfügte über einen wassergekühlten Vergasermotor, der aus 2,5 Litern Hubraum bei 5000 Umdrehungen 62 PS leistete. Der Radstand für die KLF 6 betrug 3300 Millimeter. Die Fahrzeuge mit verstärkten Federn kosteten knapp 7000 Mark – eine Fußmatte im Führerhaus kostete rund 21 Mark Aufpreis!

Ob die Baurichtlinie das Opel-Blitz-Fahrgestell sogar vorgeschrieben hat oder nur die Anforderungen wie eine Staffelbesatzung und eine entsprechende Motorisierung kann heute nicht mehr geklärt werden. Belegt sind hingegen die feuerwehrtechnischen Anforderungen der Baurichtlinie KLF 6: Das Fahrzeug musste über einen vollständig geschlossenen Aufbau mit heckseitigen Geräteraumtüren verfügen sowie mit seitlichen Geräteräumen für die Lagerung je einer tragbaren C-Schlauchhaspel ausgestattet sein. Vorgeschrieben waren weiterhin eine Deckenbeleuchtung im Mannschaftsraum, ein blauer Kennscheinwerfer, eine akustische Warneinrichtung („Feuerwehr-Signalhorn"), zwei Scheibenwischer, zwei Rückspiegel, zwei Blendschutzscheiben, eine Ladesteckdose sowie eine Führungsschiene und eine Halterung für die heckseitig eingeschobene Tragkraftspritze.

Die feuerwehrtechnische Grundbeladung musste mindestens umfassen: eine Feuerwehraxt, eine Brechstange 700 mm, zwei Schlauchhalter, eine Kübelspritze, ein Handfeuerlöscher „Tetra 2 Liter", zwei tragbare C-Schlauchhaspeln, zwei absperrbare C- und ein nicht absperrbares B-Strahlrohr, sechs Wachsfackeln, ein Akkumulatoren-Handscheinwerfer, drei Sperrlampen rot, eine Auffüllvorrichtung mit B-Kupplung (für die Pumpe), sechs A-Saugschläuche, einen Saugkorb, je eine Halte- und Ventilleine, ein A-Weidenschutzkorb, einen Segeltucheimer, ein Paar Schachthaken, ein Württemberger Standrohr, ein Württemberger Standrohrschlüssel, einen Standrohrhalter, vier Kupplungsschlüssel, fünf B-Schläuche (15 Meter), einen Verteiler, zwei Übergangsstücke B-C, ein Übergangsstück A-B, vier Metallschlauchbinden (je zwei B und C), ein Druckbegrenzungsventil, ein kleiner Sanitätskasten, einen Bindestrang, einen Spaten, eine Holzaxt, einen Werkzeugkasten und eine Drahtschere. Ziegler warb 1955 damit, dass im Aufbau insgesamt sechs B-Druckschläuche und zwölf C-Druckschläuche auf den beiden tragbaren Schlauchhaspeln sowie das komplette Zubehör auch für die optionale Vorbaupumpe Platz finden.

Die Hersteller boten zudem eine umfangreiche, selbstverständlich aufpreispflichtige Sonderausstattung an, wie beispielsweise eine Vorbau-Feuerlöschkreiselpumpe VP 6 (Förderleistung 600 l/min bei 6 bar), eine Dachgalerie mit Dachlattenrost, eine Lagerung für eine Steckleiter, ein Arbeitsstellenscheinwerfer (Montage an der rechten A-Säule), eine Anhängerkupplung für 1,5 Tonnen Anhängelast, Rückfahrscheinwerfer oder eine Beleuchtung für den heckseitigen Geräteraum.

Auf diese Weise war es möglich, dass die kleineren Gemeinden ein für damalige Verhältnisse durchaus leistungsfähiges Feuerwehrfahrzeug kostengünstig erwerben konnten – oft handelte es sich sogar um das erste Feuerwehrfahrzeug der Gemeinde überhaupt. Am Beispiel des Landkreises Esslingen lässt sich aufgrund überlieferter Akten gut die Verbreitung der Fahrzeuge darstellen: Die Baurichtlinie wurde vom damaligen Kreisbrandinspektor als „Erlaß" im Landkreis Esslingen am 17. März 1954 eingeführt. Darin wird das KLF 6 Gemeinden mit einer Größe von bis zu 3000 Einwohnern zur Beschaffung empfohlen.

Das Angebot der Firma Metz für Fahrgestell, feuerwehrtechnische Ausrüstung einschließlich Druckschläuchen, einer Tragkraftspritze TS 6 mit sechs Saugschläuchen sowie für die Vorbaupumpe lag 1954 bei insgesamt 20 500 Mark. Ziegler berechnete 1955 für die gleiche Ausstattung rund 20 150 Mark. Die Gemeinden erhielten vom Regierungspräsidium aus Mitteln zur Förderung des Feuerlöschwesens einen

Heckansicht des Magirus-KLF auf Ostner Rex

Foto: Iveco Magirus/Historisches Archiv

Dieses KLF auf Basis des Ostner Rex wurde 1954 von Magirus aufgebaut und war bei der WF Aerzener Maschinenfabrik im Einsatz. Das Bild zeigt das Fahrzeug im Jahr 1991 bei einem Oldtimertreffen. Beachte die andere Anordnung der seitlichen Geräteklappen im Vergleich zum Vorführfahrzeug

Zuschuss von 7000 Mark. Zusätzlich gewährte der Kreis Esslingen einen Zuschuss von 2000 Mark. Auf diese Weise konnten die Gemeinden für rund 11 000 Mark das KLF 6 erwerben; im Landkreis Esslingen sind mindestens 14 Fahrzeuge gekauft worden. Bemerkenswert ist auch die Lieferzeit bei Ziegler: nur rund drei Monate!

Wie viele KLF 6 genau gebaut worden sind, lässt sich nicht mehr nachvollziehen. Dem Verfasser sind mindestens 39 Fahrzeuge bekannt, davon elf Fahrzeuge mit Metz-Aufbau. Die restlichen Fahrzeuge verfügten über einen Ziegler-Aufbau. Allerdings sind nach den Fabriknummern der Ziegler-Fahrzeuge bis 1956 mindestens 39 Fahrzeuge gebaut worden (die Fabriknummer 6039 Anfang 1956 ist belegt). Daraus ergibt sich, dass zusammen mit den weiteren bekannten vier Fahrzeugen von Ziegler im Jahr 1956 gebauten KLF 6 mindestens 43 Fahrzeuge von Ziegler sowie mindestens die elf Fahrzeuge von Metz gebaut worden sein müssen. Möglicherweise liegt die Zahl noch deutlich höher; der Autor freut sich weiterhin über Hinweise zu diesen Fahrzeugen.

Der etwas günstigere Preis dürfte der Hauptgrund für die große Verbreitung der Ziegler-Fahrzeuge gewesen sein, denn Ziegler war erst 1953 überhaupt in den Feuerwehrfahrzeugbau eingestiegen. Günther Ziegler hatte das KLF 6 seines Unternehmens vermutlich während seines Studiums konstruiert; es wurde 1954 – noch ohne Dachgalerie – fertig gestellt und im 1955er-Merkkalender von Ziegler, der ebenfalls 1954 gedruckt wurde, mit den technischen Daten vorgestellt. Dieses KLF 6 wurde zunächst als Vorführfahrzeug genutzt und wurde1955 an die FF Adelberg (Landkreis Göppingen) verkauft. Später erwarb es die Firma Ziegler als Museumsfahrzeug zurück.

Als erste Feuerwehr überhaupt erhielt die FF Leinfelden (damals Landkreis Böblingen, heute: FF Leinfelden-Echterdingen, Abteilung Leinfelden, im Landkreis Esslingen) ein KLF 6. Metz lieferte das Fahrzeug noch 1954 aus. Es war zugleich auch das erste von Metz gebaute KLF 6. Davor ausgelieferte Fahrzeuge beider Hersteller sind nicht belegt.

Interessant sind die verschiedenen Bauvarianten: Zum einen gab es aufgrund der Richtlinie und der Sonderausstattung Unterschiede, zum Beispiel ob ein Fahrzeug über eine Dachgalerie oder über eine Vorbaupumpe verfügte. Metz baute zudem anstelle der seitlichen Klappen, welche die Geräteräume für die tragbaren Schlauchhaspeln abschlossen, auch Rollläden ein.

Die Bauphase der KLF 6 umfasste nur drei Jahre, nämlich 1954 bis 1956. Dies dürfte mit der Norm zusammenhängen: Anstelle des KLF 6 wurde das TSF genormt. Da sich die Industrie bereits Mitte 1954 bereit erklärt hatte, die Fahrzeuge jeweils dem Stand der Norm-Entwürfe (und später Normen) anzupassen, stimmte diese für Fahrzeuge, die bereits bestellt waren und die nicht den 1955 veröffentlichten genormten Baurichtlinien entsprachen, zu, solche Typen nur noch bis zum Ende der Auslauffrist am 1. Juli 1956 anzubieten. Im Einsatz waren die KLF 6 jedoch weitaus länger, oft bis in die 1980er-Jahre.

[1] Leider finden sich im Historischen Archiv von Iveco Magirus Brandschutztechnik keine weiteren Angaben.

Quellen:
[1] Verschiedene Jahrgänge Brandschutz/Deutsche Feuerwehr-Zeitung
[2] Johanßen, A.: 50 Jahre Ziegler, Fahrzeugbau für die Feuerwehr, Martina Galunder-Verlag, Nümbrecht, 2003.
[3] Firmenarchiv Metz

Dank für hilfreiche Auskünfte und Unterstützung gilt Herbert Breuer (Tübingen), Karl Hermann (Nehren), Bernhard Jennen (Ingoldingen), Wolfgang Hiddemann (WF Aerzener Maschinenfabrik), Nikolaus Back (Stadtarchiv Filderstadt), Iveco Magirus Brandschutztechnik/Historisches Archiv und Metz Aerials.

Jörg Prochnow

Feuerwehr Soest

Die technische Entwicklung

Die Kreisstadt Soest (50 000 Einwohner) liegt etwa 50 Kilometer östlich des Ruhrgebietes. Sie gehörte zur Zeit der Hanse zu den wichtigsten Städten Westfalens. Den mittelalterlichen Charme hat die Stadt auch heute noch nicht abgelegt. Ihre vollständig erhaltene Altstadt mit dem weltweit einmaligen Grünstein-Ensemble macht sie besonders reizvoll. Noch heute kann man auf der alten Stadtumwallung fast die ganze Stadt zu Fuß umrunden. Die bekannteste Veranstaltung dürfte die jährliche Allerheiligenkirmes sein, die bis zu einer Million Besucher aus dem weiteren Umland anzieht und die größte Innenstadtkirmes Europas ist. Verkehrsmäßig ist Soest an die Bundesstraße 1 sowie an die Bundesautobahn 44 angebunden. Nach dem Feuerschutz- und Hilfeleistungsgesetz des Landes Nordrhein-Westfalen wäre Soest verpflichtet, eine hauptamtliche Wache vorzuhalten. Die Feuerwehr schafft es bislang jedoch alle fünf Jahre mit Erfolg, eine Ausnahmegenehmigung nach § 13 FSHG zu erwirken.

Die Anfänge

Die Geburtsstunde des organisierten Brandschutzes in Soest schlug im Jahr 1653, als die Stadt am 7. Februar 1683 durch ein kurfürstliches Dekret aufgefordert wurde, die „Feuersgefahren“ zu beachten

Die alte, heute nicht mehr existierende Feuerwache an der Pollhofstraße Anfang der 1960er-Jahre. Der Umzug von dort in den heutigen Standort erfolgte im September 1982. Auf dem Hof sind folgende Fahrzeuge zu erkennen (v. r.): DL 22, KzS 8, TLF 16, TLF 15, LF 8 mit Magirus-Aufbau auf Opel Blitz 1,75 t (Baujahr 1957). Die beiden KTW links gehören zum kreiseigenen Rettungsdienst

Archiv FF Soest

TLF 15 in Omnibusform, Baujahr 1952; Aufbau Magirus. Das Fahrzeug lief zunächst in Soest-Mitte, dann in Soest-Meckingsen und kam 1993 zum Museum. Besonderheit: Nach der Umstellung zum LZ 6 erfolgte eine Veränderung der Beladung, daher die Leitern auf dem Dach, was ja eigentlich untypisch für die Omnibusform ist

und unter Berücksichtigung dieser Weisung die Brandbekämpfung in der Stadt zu verbessern. Für diesen Zweck erfolgte drei Jahre später, am 22. September 1656, die Anschaffung der ersten Feuerspritze.

Die Neuaufstellung einer „Spritzen- und Feuerordnung" im Jahre 1806 bewirkte unter anderem die Beschaffung einer größeren Feuerspritze und mehrerer Sturmfässer (sogenannte Wasserkufen), die als Zubringer für die Feuerspritzen dienten. Im Jahr 1862 erfolgte die Gründung der Feuerwehr Soest. Zunächst als Unterabteilung des Turnvereins geführt, wurde die Löschgruppe im Jahre 1868 in eine selbstständige Turner-Feuerwehr umgewandelt. Die endgültige Namensänderung in „Freiwillige Feuerwehr Soest" erfolgte dann schließlich im Jahr 1875. Als die Feuerwehr am 16. Juni 1912 ihr 50-jähriges Bestehen feierte, verfügte sie über folgende Gerätschaften:

eine Magirus-Leiter (Zwei-Rad-Schiebeleiter, etwa 14 m),
- einen Feuerwehr-Mannschaftswagen zum Transport
- von Personen und einfachen Geräten,
- einen Steigerwagen,
- zwei Feuerspritzen,
- zwei Hydrantenwagen,
- einen Schlauchwagen,
- einen Rettungswagen mit diversen Rettungsgräten,
- Sprungtüchern und Rauchmasken,
- fünf ältere Hofesspritzen,
- fünf kleinere Hydrantenwagen.

Nach dem Großbrand in einer Batteriefabrik wurde im Jahre 1927 das erste motorisierte Löschfahrzeug beschafft. Zwölf Jahre später kaufte man nach einem weiteren Großfeuer in einem holzverarbeitenden Betrieb ein zweites Löschgruppenfahrzeug, eine Magirus-KS 15 auf Magirus LK.

Nach Kriegsende fehlte der Soester Feuerwehr ein großer Teil ihrer Ausrüstung. Sie war Opfer von Plünderung und Zerstörung geworden. Als Ersatz dafür diente eine aus dem Krieg zurück gelassene Kraftzugspritze KzS auf Opel-Blitz-Fahrgestellen. Das erste an die Feuerwehr Soest ausgelieferte Fahrzeug nach Kriegsende war eine moderne Magirus-Drehleiter (S 3500) mit 22 Metern Steighöhe. Den Wunsch, ein TLF 15 zu beschaffen, konnte sich die Stadt auf-

TLF 16, Aufbau: Magirus, Baujahr 1959. Das Fahrzeug lief bis 1986 beim LZ Stadtmitte, danach kam es in das Museum

SKW auf Magirus-Deutz F Mercur 125 A, Baujahr 1964, Aufbau: Thiele (Bremen). Das Fahrzeug war bis 2002 an der Innenstadtwache stationiert

Im Jahr 1969 erhielt die FF Soest diese DL 30 K auf Magirus-Deutz 150 D 10 *Archiv FF Soest*

grund ihrer finanziellen Situation allerdings nicht erfüllen. Daher gingen die Feuerwehrleute der Bördestadt einen ungewöhnlichen Weg, um an ihr Ziel zu gelangen. Man verkaufte auf der damals schon bekannten Allerheiligenkirmes im Jahr 1951 30 000 Losbriefe. Der Erlös reichte tatsächlich für den Kauf des Tanklöschfahrzeuges im darauffolgenden Jahr. Dieses TLF 15 in Omnibusform existiert noch heute im Soester Feuerwehrmuseum und kann dort besichtigt werden. Es war übrigens das erste Fahrzeug dieser Art im Kreisgebiet und lief im Einsatzdienst der Innenstadtwache bis zum Jahr 1972, wo es durch ein modernes TLF 16 auf Basis des Magirus-Deutz 170 D 11 ersetzt wurde. Das TLF 15 wurde in den 6. Zug verlegt, lief dort zunächst einige Jahre als Löschfahrzeug und später als Ölwehrfahrzeug, bis es dann im Jahr 1993 endgültig ausgemustert und in den Fahrzeugbestand des Museums überging.

Das 1959 in den Einsatzdienst übernommene TLF 16, der Magirus-Rundhauber, blieb von Anfang an bis zu seiner Ausmusterung und Übergabe an das Museum im Jahr 1986 in der Stadtmitte. Zwischenzeitlich wurden der Feuerwehr Soest weitere Fahrzeuge zugewiesen, darunter auch zwei Magirus-Eckhauber. Es war zuerst 1964 ein Schlauchkraftwagen (SKW) des Luftschutzhilfsdienstes und 1969 dann eine DL 30 K auf Basis des Magirus-Eckhaubers, die 1992 von einer DLK 23-12 auf Iveco-Magirus 140-25 abgelöst wurden. Recht lange hielt sich der SKW im Dienst des Löschzugs Stadtmitte. Erst im Jahr 2002 wurde er ausgemustert und ebenfalls an das Feuerwehrmuseum übergeben.

Ende der 1970er Jahre wurden vielen Feuerwehren in Nordrhein-Westfalen Tanklöschfahrzeuge des Typs TLF 24/50 zugewiesen. Grund waren unter anderem Erkenntnisse aus der Waldbrandkatastrophe in Niedersachsen. Auch in Soest bekam man ein sol-

Magirus baute 1972 dieses TLF 16 auf einem Magirus-Deutz 170 D 11 für die FF Soest auf *Archiv FF Soest*

1978 erhielt die FF Soest dies TLF 24/50, das Magirus auf einem Magirus-Deutz 232 D 17 aufbaute. Spitzname: „Jumbo“

Archiv FF Soest

Gerätewagen Logistik aus dem Jahr 1991. In den Koffer des Gebrauchtfahrzeugs wurde ein zusätzlicher Rollladen eingebaut. Gitterboxen wurden in Eigenleistung zu zwölf Rollcontainern umgebaut. Das Fahrzeug wurde 2008 an die Feuerwehr der Gemeinde Möhnesee weiter verkauft

Archiv FF Soest

KdoW, VW Passat Kombi, erstes B-Dienstfahrzeug der FF Soest, Baujahr 1997, 2004 in Dienst gestellt *Archiv FF Soest*

ches Einsatzfahrzeug, zu diesem Zeitpunkt das einzige im Kreisgebiet. Es wurde daher häufig überörtlich angefordert, mitunter über die Kreisgrenzen hinaus. Noch heute erzählt man gerne die Geschichte vom „Jumbo", wie das Fahrzeug liebevoll genannt wurde. Aufgrund seines großen Wasservorrats prangte sein Spitzname in Großbuchstaben auf der Front oberhalb des Kühlergrills. Aus Gründen der optischen Vereinheitlichung wurde dieser originelle Schriftzug später gegen ein normales „Feuerwehr" ausgetauscht.

Die kommunale Neuordnung 1975 brachte entscheidende Veränderungen für die Feuerwehr Soest mit sich. Durch die Zuordnung der umliegenden Dörfer wurde Soest zur Großgemeinde. Die Feuerwehr wurde umstrukturiert und bestand von nun an aus 16 Löschgruppen in sechs Löschzügen. Die Züge 1 und 2 waren für den Brandschutz in der Innenstadt verantwortlich, die restlichen vier Züge ordneten sich ringförmig um die Kernstadt an. So ist es bis heute geblieben. Die so genannten Außenlöschzüge waren vor allem mit TSF und LF 8 ausgestattet. So war beispielsweise in Ostönnen ein 1958 gebauter Ford FK 1000 als TSF vorhanden und in Deiringsen ein 1964 in Dienst gestellter VW Transporter. Diese beiden Abteilungen erhielten 1980 beziehungsweise 1982 je ein von Schlingmann auf einem MB 308 D aufgebautes TSF als Ersatz. Die Stadt Soest beschaffte zudem ebenfalls 1980 bei Schlingmann ein LF 8 auf einem MB LF 408 G. Dieses war zuletzt in Hattrop stationiert.

Die Gegenwart

Betrachtet man den aktuellen Fahrzeugpark einmal genauer, stellt man schnell fest, dass Pragmatismus nicht unbedingt Sache der Soester Feuerwehr ist. Der Blick auf die aktuelle Grundschutzeinheit der Innenstadtwache verdeutlicht das ganz besonders. Sie besteht aus einem ELW 1, dem HLF 16/20-2, der DLK 23-12 und dem RW 2. Die Ausrückefolge beim Einsatzstichwort „Brand" ist: HLF, DLK, ELW und dann der RW 2. Diese Einbindung des RW 2 ist ebenso ungewöhnlich wie das Fahrzeug an sich. Eigentlich handelt es sich hierbei eher um ein nach den speziellen Wünschen der Feuerwehr Soest ausgestattetes Kombinationsfahrzeug, welches einen älteren RW 2 und den SKW ablöste. Grund für diese Entscheidung war die Erkenntnis, dass man die 1200 Meter Schlauchleitung des SKW in den 38 Dienstjahren lediglich neun Mal im Einsatz komplett verlegte, der bisherige Rüstwagen bei Brandeinsätzen überwiegend zum Transport der drei Einsatzkräfte und gegebenenfalls zur Ausleuchtung der Einsatzstelle diente. Der Bedarf für das schnelle Verlegen einer Zubringerleitung von einem weiter entfernten Hydranten auf der einen Seite sowie die Vorhaltung der Rüstkomponente für die Technische Hilfeleistung auf der anderen Seite war natürlich weiterhin gegeben. Bei der Planung für ein Fahrzeug, welches in der Lage ist, diese beiden Bereiche abzudecken, warf man ein Auge auf die Gerätekraftwagen des THW. Das Ergebnis war schließlich ein Rüstwagen mit Gruppenbesatzung und Schlauchmodul, dessen Beladung den modernsten Gesichtspunkten der Technischen Hilfeleistung entsprach. Im Mannschaftsraum kann sich ein Dreier-Trupp mit Atemschutzgeräten ausrüsten. Dass die Entscheidung zu der ungewöhnlichen Fahrzeugbeschaffung richtig war, zeigt die Tatsache, dass der RW 2 heute fester Bestandteil des Löschzuges im ersten Abmarsch ist.

Bis weit hinein in die 1990er-Jahre erhielten viele Feuerwehren in Nordrhein-Westfalen eine hohe Bezuschussung für die Beschaffung eines Löschgruppenfahrzeugs LF 24. Auch die Stadt Soest hätte gerne eines dieser Fahrzeuge erworben, leider fiel die Entscheidung dafür auf einen Zeitpunkt, in welchem die Bezuschussung bereits eingestellt und nur noch für Fahrzeuge des Typs LF 16/12 gezahlt wurde. Damit wollte man sich jedoch nicht abfinden und bestellte bei Ziegler ein HLF auf Basis des MAN 14.284 MA-LF, welches von seiner technischen Ausstattung und Größe einem LF 24 gleich war. Die höheren Kosten trug die Stadt. Es war übrigens das erste Fahrzeug bei der FF Soest mit automatischem Getriebe.

Im Jahr 2006 begann man mit der Beschaffung des ersten Trägerfahrzeugs den Aufbau eines umfangreichen Wechselladersystems. Heute verfügt die FF Soest über zwei Wechselladerfahrzeuge aus den

Die beiden momentanen Führungsfahrzeuge der FF Soest (v. l.): KdoW, Audi A6 Avant, Baujahr 2002, als Gebrauchtfahrzeug aus dem städtischen Fuhrpark übernommen, und KdoW Honda CRV, Baujahr 2008

Jahren 2006 und 2009 und über fünf Abrollbehälter. Ein weiterer Abrollbehälter ist bestellt und war bei Redaktionsschluss kurz vor seiner Fertigstellung. Hierbei wird es sich um einen AB-Logistik mit heckseitiger Ladebordwand handeln, der sich bei Bedarf zu einem Besprechungsraum oder einer Atemschutzsammelstelle und Betreuungsmöglichkeit umrüsten beziehungsweise erweitern lässt. Er soll unter anderem als mobile Wache auf der jährlichen Allerheiligenkirmes Verwendung finden. Selbst der Kramer-Allrad-Telelader (offiziell: Mehrzweckarbeitsgerät) ist mit seinen sechs Anbaugeräten auf einem Abrollbehälter verlastet. Beide WLF verfügen über eine Multilift-Wechselladereinrichtung. Das 2006 gebaute Fahrzeug ist ein MAN TGA 26.390, das 2009 gebaute Fahrzeug ein MAN TGS 26.400.

An dieser Stelle sei noch einmal auf die Ausrückeordnung der FF Soest hingewiesen. Für den zweiten Abmarsch nach der Grundschutzeinheit steht der FF Soest das LF 20/16 von Iveco Magirus zur Verfügung. Sollten größere Mengen an Wasser benötigt werden (zum Beispiel Waldbrand oder Brand auf der nahen Autobahn 44), rücken beide WLF mit den Abrollbehältern „Wasser“ und „Wasser/Schaum“ aus. Dann stehen insgesamt 16000 Liter Wasser zur Verfügung.

Eine Besonderheit ist das Löschgruppenfahrzeug Katastrophenschutz (LF-KatS) auf Basis des MAN TGM 13.250 4x4 BL FW mit Lentner-Aufbau. Es wurde das bei der Interschutz 2010 ausgestellte Musterfahrzeug erworben und anschließend beim LZ 5 in Soest-Ostönnen stationiert. Das Fahrzeug ist Teil der Sondereinheit Wasserversorgung. Weitere Löschfahrzeuge der Außenlöschzüge sind ein 2008 gebautes LF 20/16 mit 2000-Liter-Löschwasserbehälter auf MAN TGM 13.280 4x4 BL mit Ziegler-Aufbau in Soest-Meckingsen, ein LF 16-TS des Katastrophenschutzes auf Iveco 90-16 mit Lentner-Aufbau (Baujahr 1989) und ein TLF 8/18 in Deiringsen. Dieses von Ziegler 1987 auf einem MB 814 F aufgebaute Fahrzeug führt 2130 Liter Löschwasser mit und war zunächst in Ostönnen stationiert, wo es ein 1964 geliefertes TLF 8 des Katastrophenschutzes auf MB U 404 S ablöste.

ELW 1, VW T 4 Baujahr 1998, Aufbau: Comtec/Eigenausbau

Eine weitere Besonderheit ist das LF 16/12 der Löschgruppe Müllingsen (LZ 3): Das Fahrzeug basiert auf einem DAF FA 1700 DNS mit 156 kW/ 212 PS-Dieselmotor und automatischem Getriebe. Im Fahrzeug sind ein 2000-Liter-Löschwasserbehälter und eine Feuerlöschkreiselpumpe FP 16/8 eingebaut. Das Fahrzeug wurde 1994 von einer niederländischen Firma aufgebaut und war zunächst in den Niederlanden im Einsatz. Nach einem schweren Unfall des LF 16 der Löschgruppe Deiringsen am 6. Juli 2006 während einer Einsatzfahrt wurde der DAF als Ersatz beim Gebrauchtfahrzeughändler Schwartz im November 2006 erworben. Hintergrund war, dass für die Ersatzbeschaffung nur die Versicherungssumme zur Verfügung stand, sodass die Beschaffung eines neuen Fahrzeuges ausgeschlossen war. Das Fahrzeug wurde von Mitgliedern der FF Soest selbst ausgebaut. Dabei wurden die beiden Schnellangriffshaspeln ausgebaut, die Hochdruckstufe der Feuerlöschkreiselpumpe stillgelegt und die Fachaufteilung in den Geräteräumen komplett neu erstellt. Nach der Abnahme durch den Technischen Überwachungsdienst erfolgte am 25. Februar 2007 die Indienstnahme in den Einsatzdienst. Nach der Beschaffung eines LF 20/16 für den Standort Deiringsen im Jahr 2010 stellte die Feuerwehr den DAF nach Müllingsen um.

Als Nachfolger für ein nicht mehr verkehrstüchtiges Vorgängermodell wurde 1986 ein neuer Kommandowagen auf VW Passat Kombi-Basis angeschafft, der wiederum im Jahr 1998 durch einen Opel Astra ersetzt wurde. Für den ab 2004 eingeführten B-Dienst stand ein gebrauchter VW Passat Kombi, Baujahr 1997, zur Verfügung. Auf der Jahresdienstbesprechung 2007 überraschte der Bürgermeister der Stadt Soest die Feuerwehr mit einem noch gut erhaltenen Audi A6 aus dem städtischen Fuhrpark, der den mittlerweile in die Jahre gekommenen VW Passat ablösen sollte. Der Umbau zu einem Kommandowagen erfolgte in einer örtlichen Audi-Vertretung. Das Fahrzeug existiert noch heute und dient Führungskräften als Führungsfahrzeug. Dem B-Dienst steht seit 2008 ein damals neu erworbener Honda CRV zur Verfügung. Die Freiwillige Feuerwehr Soest praktiziert ein übergreifendes Führungssystem aus erfahrenen Zug- und Verbandsführern aller Löschzüge, die den Honda CRV im wöchentlichen Wechsel nutzen und ihn auch mit nach Hause nehmen. Die Wehrführung (A-Dienst) wird darüber hinaus noch in diesem Jahr einen allradangetriebenen Audi Q5 erhalten.

In den Anfängen steckt der überörtliche Gefahrgutzug, der aus Fahrzeugen und Kräften der Löschzüge 1, 2 und 6 besteht:
Kommandowagen B-Dienst (Honda CRV),
TSF-W der Dekongruppe (LZ 6),
LF 20/16 des LZ 6,
WLF mit AB Wasser/Schaum (LZ 1 und 2),
GW-G mit Anhänger (LZ 6),
WLF mit dem AB-Sonderlöschmittel,
HLF 16/20/2 (LZ 1 und 2),
ELW 1 (LZ 1 und 2).

Die Alarmierung des überörtlichen Gefahrgutzuges erfolgt ab dem Einsatzstichwort „ABC 2". Die örtliche Zuständigkeit wird sich auf die Städte (beziehungsweise Gemeinden) Soest, Lippetal, Möhnesee und Bad Sassendorf erstrecken. Die Einsatzleitung, der Grundschutz, der Brandschutz sowie die Menschenrettung werden bei der anfordernden Feuerwehr beziehungsweise Kommune verbleiben.

Zum Abschluss noch einige Worte zur technischen Ausstattung der Außenlöschzüge 3 bis 6. Neben dem Grundschutz fällt jedem der Außenlöschzüge noch eine zusätzliche Aufgabe zu, welche die jeweiligen Kräfte zu so genannten „Sondereinheiten" machen:
Löschzug 3: Sondereinheit Messen,
Löschzug 4: Sondereinheit Informations- und Kommunikationstechnik,
Löschzug 5: Sondereinheit Wasserversorgung und Unterstützung bei einem Massenanfall von Verletzten,
Löschzug 6: Sondereinheit ABC und Dekontamination.

Die Sondereinheit Höhenrettung besteht aus Kräften mehrerer Feuerwehren aus dem Kreisgebiet. Den Sondereinheiten stehen zur Bewältigung ihrer Aufgaben neben den wasserführenden Löschfahrzeugen auch einige Spezialfahrzeuge zur Verfügung.

Insgesamt existieren fünf baugleiche MTW auf Basis des VW T4 bei den Löschzügen der FF Soest (Baujahre 1996 bis 1999). An der Innenstadtwache stehen der Feuerwehr zudem zwei durch Soester Firmen gesponserte so genannte Werbemobile zur Verfügung. Den 2010 gebauten Ford Transit nutzt vor allem die Jugendfeuerwehr als MTF; ein 2011 gelieferter Pkw Fiat 500 dient insbesondere für Lehrgangsfahrten.

HLF 16/20-2, MAN 14.284 MA-LF, Baujahr 2000. Aufbau: Ziegler, Ausstattung: Maschinelle Zugeinrichtung 50 kN, Schaum-Wasserwerfer, Lichtmast, FP 16/8, 2000-Liter-Löschwasserbehälter, 200-Liter-Schaummitteltank, Schaumzumischanlage FireDos FD 1000

Hierbei handelt es sich um eine echte Besonderheit. Der RW 2 ist erst auf den zweiten Blick als Rüstwagen zu erkennen. MAN.285 MA-LF, Baujahr 2003, Aufbau: Ziegler, Ausstattung: Maschinelle Zugeinrichtung 80 kN, Schlauchverlegemodul mit 900 m B-Schlauch, Tragkraftspritze im Geräteraum G1, fahrbare Schlauchhaspel, 23-kVA-Generator. Vorgänger war ein RW 2 aus dem Jahr 1975

DLK 23-12, IM 140-25/Magirus, Baujahr 1992. Im obersten Leiterteil ist eine feste Wasserleitung verlegt

LF 20/16, Iveco Magirus 140 E 28 WD, Aufbau: Magirus, FPN 10-2000, 2000-Liter-Löschwasserbehälter, Baujahr 2004

Das LF 8 (Iveco-Magirus 60-9/Magirus) aus dem Jahr 1985 dient der Jugendfeuerwehr und als Reserve

WLF 2, MAN TGA 26.390/Multilift, Baujahr 2006, mit AB-Wasser (Ziegler, Baujahr 2009, Ausstattung: 10 000-Liter-Löschwasserbehälter, 10 000-Liter-Faltbehälter, PFPN 10-1500 und tragbarer Wasserwerfer)

LF 20/16 des Löschzugs 4 in Soest-Deiringsen: IM 140 E 30 WE/Magirus, Baujahr 2010, FPN 10-2000, 2000-Liter-Löschwasserbehälter

LF 8/6 (MB 814F/Schlingmann) des Löschzugs 5 in Soest-Ampen aus dem Jahr 1993 (FP 8/8, 750-Liter-Löschwasserbehälter)

TSF-W des Löschzugs 6 (Hattrop) aus dem Jahr 2001 (Iveco Daily 50 C 13 D mit Magirus-Aufbau, 750-Liter-Löschwasserbehälter, TS 8/8). Ein baugleiches Fahrzeug aus dem Jahr 2002 ist in Soest-Bergede stationiert

TSF, Mercedes-Benz 310/Schlingmann aus dem Jahr 1986. Es gibt zwei baugleiche Fahrzeuge, die in Soest-Hiddingsen und Soest-Hattropholsen stationiert sind

GW-Mess aus dem Jahr 1987 (MB 307 D/Schmitz). Das beim Zug 3 in Soest-Hiddingsen stationierte Fahrzeug soll noch im Jahr 2012 durch einen ABC-Erkunder/Land ersetzt werden

Der GW-G, stationiert in Soest-Meckingsen, wurde von Schmitz auf einem VW-MAN 8.100 F aufgebaut. Baujahr 1990

Gerätewagen Logistik der Innenstadtwache aus dem Jahr 2008 (MB Sprinter 516 CDI mit Aufbau der Firma Schutz)

LF 16/12, DAF FA 1700 DNS, Baujahr 1994, LG Müllingsen, 2000-Liter-Löschwasserbehälter, FP 16/8. Indienststellung 2007

Jochen Thorns

Ramstein Air Base Fire and Emergency Services

Die Ramstein Air Base liegt etwa zehn Kilometer westlich von Kaiserslautern und ist der größte Stützpunkt der US Air Force außerhalb der USA. Gegen Ende des Zweiten Weltkrieges eroberten die vorrückenden US-Streitkräfte den von der deutschen Luftwaffe genutzten Behelfsflugplatz auf der Reichsautobahn nahe dem Ort Ramstein. Ab 1951 begann der Ausbau der Basis, der bereits im Folgejahr abgeschlossen werden konnte. Der südliche Teil der Basis bildete unter dem Namen Landstuhl Air Base die eigentliche Flugbetriebsfläche für das 86. Jagdbombergeschwader mit F-84- und F-86-Jagdflugzeugen, während der nördliche Teil als Ramstein Air Force Installation mit Verwaltung und Hauptquartier fungierte. Im Jahr 1957 erfolgte die Zusammenlegung der beiden Teile der Basis zur Ramstein-Landstuhl Air Base. Später wurde der Name vereinfacht und die Basis nur noch als Ramstein Air Base bezeichnet. Ab 1971 waren in Ramstein auch Transportflugzeuge stationiert, welche die Kampfverbände mehr und mehr ersetzten, sodass heute nur noch Transportflugzeuge in Ramstein beheimatet sind. Ramstein Air Base ist der wichtigste europäische Stützpunkt für den Lufttransport und die Logistik der US-Streitkräfte. Seit 1973 befindet sich in Ramstein auch das Hauptquartier der US Air Force Europe.

Die Ramstein Air Base verfügt über zwei Start- und Landebahnen mit 3200 und 2830 Metern Länge. Täglich landen dort die derzeit üblichen Transportflugzeuge der US Air Force wie C-130 „Hercules", C-17 „Globemaster" und C-5 „Galaxy" ebenso wie gecharterte zivile Frachtmaschinen wie die Boeing 747 „Jumbo Jet".

Die Ramstein Air Base gehört zur US-Militärgemeinde Kaiserslautern (KMC – Kaiserslautern Military Community). Damit werden die zahlreichen Einrichtungen der US Army und der US Air Force in und um Kaiserslautern bezeichnet. Die Fläche der Liegenschaften beträgt rund 2068 Hektar; zur Militärge-

FLF P-19 „Crash". Oshkosh baute dieses Fahrzeug auf dem eigenen 4x4-Fahrgestell auf. Baujahr: 1987, Generalüberholung 2008 durch Crash Rescue Equipment. Mitgeführt werden 1000 gal Wasser (3785 l) und 130 gal (492 l) Schaummittel sowie eine 227-kg-Pulverlöschanlage

Der Oshkosh Stryker 1500 AF ist an der Feuerwache 3 stationiert. Das 2006 gebaute Fahrzeug führt 1500 gal/5678 l Löschwasser, 210 gal/795 l Schaummittel und 204 kg Pulver mit. Die Feuerlöschkreiselpumpe leistet 1950 gpm (7380 l/min). Aufbau: Oshkosh

meinde gehören mehr als 53 700 Soldaten und US-Zivilangestellte und deren Angehörige. Ebenfalls eingeschlossen sind rund 6300 deutsche Zivilangestellte. Allein auf der Ramstein Air Base wohnen oder arbeiten rund 18 000 Menschen.

Auch der Brandschutz in der KMC wird von US Army und US Air Force sichergestellt: Hierzu stehen sieben Feuerwachen zur Verfügung, von denen eine, nämlich in Kaiserslautern-Ost, von der US Army besetzt wird. Dort stehen zwei Tanklöschfahrzeuge. Eine achte Feuerwache in der Vogelweh Housing Area ist derzeit in Planung. Mit den umliegenden Kommunen und dem Landkreis Kaiserslautern gibt es gegenseitige Hilfeleistungsabkommen.

Auf Seiten der US Air Force wird der Brandschutz von der 886th Fire Emergency Services Flight gestellt. Die Einheit verfügt über 212 Planstellen, derzeit sind 199 Stellen besetzt. Die beiden Wachschichten haben

Im Jahr 2009 wurde der Oshkosh Stryker 3000 AF in Dienst gestellt. Löschtechnische Ausstattung: 3000 gal/11 356 l Wasser, 420 gal/1590 l Schaummittel, 204 kg Pulver, 1950-gpm-/7380-l/min-Feuerlöschkreiselpumpe. Aufbau: Oshkosh

Die Nummer 12 wird genau wie die Nummer 13 als Oshkosh Stryker 3000 AF bezeichnet, obwohl das Fahrzeug zusätzlich mit einem Löscharm mit HydroChem-Düse ausgerüstet ist. Die löschtechnischen Daten sind mit dem Fahrzeug 13 identisch. Baujahr: 2011, Aufbau: Oshkosh

Der Oshkosh TI-3000 AF, auch als P-23 Oshkosh bezeichnet, wurde 2000 gebaut und Anfang 2001 in Dienst gestellt. Mitgeführt werden 3000 gal/11356 l Wasser, 420 gal/1590 l Schaummittel und 180 kg Pulver. Die Feuerlöschkreiselpumpe leistet 1950 gpm (7380 l/min); der Löscharm von Crash Fire Equipment erreicht eine maximale Höhe von 16,76 m. Der Frontwerfer hat einen Durchfluss von 300 gpm (1135 l/min)

Das FLF des Typs P-23 ist an der Feuerwache 3 stationiert. Das Fahrzeug wurde 1994 vom Generalunternehmer Teledyne Continental Motors auf einem 8x8-Allradchassis von Timoney aufgebaut und 2008 durch die Firma Crash Rescue Equipment überholt. Mitgeführt werden 3300 gal/12 492 l Wasser, 500 gal/1893 l Schaummittel und 226 kg Pulver. Pumpenleistung 1950 gpm/7380 l/min. Das Fahrzeug trug zuvor die Nummer 12

Der Wassertankwagen führt 5000 gal/18 295 l Wasser mit. Die Waterous-Feuerlöschkreiselpumpe leistet 1250 gpm/4731 l/min. KME erstellte den Aufbau auf einem International 7400 SBA 6x4. Baujahr: 2011

Der Feuerwehr der Ramstein Air Base stehen drei baugleiche Kommandowagen auf Basis des Ford Explorer AdvanceTrac RSC zur Verfügung. Baujahr: 2006. Der „Chief 2“ ist das Fahrzeug des Wachabteilungsleiters

80 beziehungsweise 82 Einsatzkräfte. Hinzu kommen noch elf Mitarbeiter im Vorbeugenden Brandschutz, zehn Mitarbeiter in der Leitstelle und 15 Verwaltungs- und Leitungskräfte. Zurzeit sind zehn Militärangehörige im Auslandseinsatz. Im Jahr 2011 waren 1554 Einsätze und 1206 Brandschauen zu verzeichnen. Mehr als 55 000 Menschen wurden im Rahmen der Brandschutzerziehung und -aufklärung geschult. Die Feuerwehr der Ramstein Air Base wurde 2011 als beste Feuerwehr im Bereich der US Air Force Europe ausgezeichnet.

Die sieben von der US Air Force zu besetzenden Feuerwachen teilen sich wie folgt auf:

- Ramstein Air Base: drei Feuerwachen, Mindeststärke 16 Einsatzkräfte;
- Landstuhl (Hubschrauberlandeplatz und Militärkrankenhaus): zwei Feuerwachen, Mindeststärke 13 Einsatzkräfte, Fahrzeuge: ein TLF, ein FLF, eine DL, ein Wasser-Tankwagen, ein KdoW);
- Vogelweh und Rhine Ordenance Barracks (Büros, Wohnungen, Werkstätten): zwei Feuerwachen Mindeststärke: 13 Einsatzkräfte (ein TLF, eine DL, ein Rüstwagen, ein KdoW).

Auf der Ramstein Air Base selbst sind drei Feuerwachen vorhanden. Die Feuerwache 1 ist nicht nur die Hauptfeuerwache mit Leitstelle, Büros, Verwal-

Tanklöschfahrzeug des Typs P-22. Das Fahrzeug mit der Nummer 21 wurde 1990 in Dienst gestellt und 2006 generalüberholt. Fahrgestell und Aufbau stammen von KME. Im Aufbau werden 600 gal/2271 l Wasser, 55 gal/208 l Schaummittel und eine Feuerlöschkreiselpumpe von Darley mit einer Leistung von 1000 gpm/3785 l/min mitgeführt

Tanklöschfahrzeug P-24. Das allradangetriebene Tanklöschfahrzeug ist bis auf den Antrieb und die Bereifung baugleich mit dem Typ P-22 (siehe Nummer 21). Zusätzlich verfügt es an der Front über eine Ramsey-Seilwinde. Aufbau und Allradfahrgestell stammen von KME. Das Fahrzeug wurde 1991 gebaut und 2005 generalüberholt

tung und Werkstätten, sondern dient vor allem der Flugzeugbrandbekämpfung. Dort sind auch die meisten Fahrzeuge stationiert.

Die Feuerwache 2 im nördlichen Bereich der Ramstein Air Base sorgt mit einem TLF des Typs P-22 für den Schutz der Wohnungen, Büros und Werkstätten im Ausrückebereich. Die Feuerwache 3 befindet sich südlich der Start- und Landebahnen. Dort sind zwei Flughafenlöschfahrzeuge (Nummer 11 und 18) und ein TLF (P-24) vorhanden.

Die Fahrzeuge

In diesem Beitrag werden nur die aktuell an den drei Feuerwachen auf der Ramstein Air Base stationierten Fahrzeuge vorgestellt. Grundsätzlich nutzen die Feuerwehren der US Air Force seit den 1960er-Jahren – im Gegensatz zur US Army – nur eigene, in den USA produzierte Fahrzeuge. Entsprechend war in den vergangenen Jahrzehnten auch die Fahrzeugausstattung aller US Air Base-Feuerwehren identisch. Eine Über-

Die Nummer 25 ist der neue Standardtyp der Tanklöschfahrzeuge. Der „Panther II MFD“ des Fahrgestell- und Aufbauherstellers KME wurde 2011 ausgeliefert. Das Fahrzeug mit Hinterachsantrieb führt 500 gal/1893 l Wasser und 2 x 25 Gallonen/189 l Schaumittel mit. Die Waterous-Feuerlöschkreiselpumpe leistet 1250 gpm/4731 l/min

sicht über die Entwicklung – auch der Einsatzfahrzeuge auf der Ramstein Air Base – findet sich im Buch „Thorns/Rotter: Feuerwehrfahrzeuge auf Flughäfen in Deutschland“ (ab Seite 122, Podszun-Verlag, 2002, vergriffen).

Während die Fahrzeuge bis Anfang der 2000er-Jahre meist in Dunkelgrün (Olive-drab) gespritzt waren, erfolgte bei den Neubeschaffungen in den vergangenen Jahren eine ansprechende Lackierung in Rot-Weiß. Teilweise wurden auch ältere Fahrzeuge umlackiert.

Die Flugzeugbrandbekämpfung wurde vor allem von den Typen P-15 (dem größten, weltweit jemals gebauten FLF, von dem in Deutschland nur je ein Exemplar in Ramstein und auf der Rhein-Main Air Base in Frankfurt/Main vorhanden waren), dem P-23 und dem P-19 getragen. Vom Typ P-23, produziert vom Generalunternehmer Teledyne Continental Motors auf einem 8x8-Allradchassis des irischen Herstellers Timoney, gab es in Ramstein drei Exemplare (Nummern 11 bis 13). Aktuell im Dienst ist nur noch ein Fahrzeug aus dem Jahr 1994, welches die Nummer 11 (Umbenennung; frühere Nummer 12) trägt. Dies Fahrzeug wurde 2008 durch die Firma Crash Rescue Equipment Service Inc. (Dallas/Texas) generalüberholt.

Vom zweiachsigen Typ P-19, der nach Abbau des Dachwerfers in einem Transportflugzeug C-130 „Hercules“ luftverlastbar ist, gibt es aktuell noch drei Fahrzeuge in Ramstein. Der Typ P-19 wurde von

Der Quint des Typs P-21 „KME Aerialcat“ wurde 1994 in Dienst genommen. Das Fahrzeug verfügt über einen 30-Meter-Leitersatz, eine 1250 gpm/4731 l/min leistende Feuerlöschkreiselpumpe und einen 150-gal/568-l-Löschwasserbehälter

Pierce baute den P-30 Rescue Truck im Jahr 2009 auf einem Freightliner M2-Fahrgestell auf. Das Fahrzeug verfügt über die Freightliner Crew Cab, einen 20-kVA-Generator, eine Warn-Seilwinde mit einer Zugkraft von 54 kN und einen Lichtmast mit vier 1000-Watt-Flutlichtstrahlern

Oshkosh auf dem eigenen 4x4-Fahrgestell aufgebaut und Mitte der 1980er-Jahre bei der US Air Force eingeführt; neben der Flugzeugbrandbekämpfungsvariante „Crash“ gab es auch eine Variante mit einem Ausbau, der für Gebäudebrände besser geeignet ist („Structural“). Für die Zukunft ist geplant, diesen Fahrzeugtyp durch moderne Rapid Intervention Vehicles (RIV) abzulösen.

Als Ersatz für die P-23 galt das Anfang 2001 in Dienst gestellte FLF des Typs „P-23 Oshkosh“, das mittlerweile als Typ TI-3000 AF bezeichnet wird. Es wurde von Oshkosh auf einem eigenen 6x6-Fahrgestell mit Detroit-Dieselmotor aufgebaut. Nachdem die US Air Force einige Exemplare erworben und auf den Stützpunkten in aller Welt stationiert hatte, führte Oshkosh einen Modellwechsel hin zum „Stryker“ durch. Daher hat der TI-3000 AF in Diensten der US Air Force mittlerweile Seltenheitswert. In Ramstein ist nur ein Fahrzeug mit der Nummer 14 stationiert.

Infolge der Erneuerung des Fuhrparks sind die Oshkosh Stryker in Ramstein mittlerweile zur Stütze der Flugzeugbrandbekämpfung geworden. So gibt es auf der Air Base mittlerweile drei Stryker-Flughafen-Löschfahrzeuge – in drei verschiedenen Versionen! Als „Stryker 1500 AF“ wird die zweiachsige Variante bezeichnet, die 1500 gal Wasser (5678 l) mitführt. Sie trägt in Ramstein die Nummer 18. Die dreiachsige Variante trägt die Nummer 13. Der „Stryker 3000 AF“ führt 3000 gal Wasser (11 356 l) mit. Unter der gleichen Typbezeichnung läuft auch die Nummer 12. Dieses 2011 in Dienst gestellte Flughafenlöschfahrzeug verfügt zusätzlich noch über einen Löscharm.

Unterstützt werden die Flughafenlöschfahrzeuge durch zwei Wassertankwagen, die 2011 in Dienst gestellt worden sind. Die baugleichen Fahrzeuge auf Basis des International 7400 SBA 6x4 (Nummern 60 und 61) führen 5000 gal Wasser (18 925 l) mit. Der Aufbau stammt von KME. Sie lösten ältere Wassertankwagen der Typen P-18 und P-26 ab.

Der Gebäudebrandschutz obliegt den Engines. Dazu wurden bisher vor allem die Typen P-22 und P-24 genutzt, die Ende der 1980er-Jahre konzipiert worden sind. Beide Fahrzeuge sind hinsichtlich der löschtechnischen Einrichtungen gleich (1000-gpm-Feuerlöschkreiselpumpe von Darley, 600-gal/2271-l-Löschwasserbehälter, 55-gal/208-l-Schaummitteltank). Ebenfalls gleich ist der nach hinten offene Mannschaftsraum. Unterschiede bestehen in der Antriebsart: Während der als „Structural Fire Fighting Truck“ bezeichnete P-22 nur über Hinterachsantrieb und eine zwillingsbereifte Hinterachse verfügt, ist der als „Structural Brush Fire Fighting Truck“ bezeichnete P-24 mit Allradantrieb und einer Einzelbereifung ausgestattet. Auf der Ramstein Air Base sind vier P-22 im Einsatz; sie sollen in Zukunft durch das neue Tanklöschfahrzeug des Typs „KME Panther II MFD“ ersetzt werden. Vom Typ P-24 gab es in Ramstein insgesamt sechs Fahrzeuge; bis auf zwei sind alle Fahrzeuge ausgemustert. Das neue Standard-Tank-

Der bisherige P-28-Rescue Truck (aufgebaut 1996 von Pierce auf einem Pierce Arrow) wurde 2011/12 von den Feuerwehrangehörigen in Eigenleistung zu einem Gerätewagen Gefahrgut umgebaut

Insgesamt vier Pick-Up-Fahrzeuge von Ford nutzt die Feuerwehr der Ramstein Air Base für diverse Aufgaben. Das neueste Fahrzeug ist dieser Ford F-350 Super Duty 4x4. Baujahr: 2010

Als Zugmaschine für die zahlreichen Anhänger dient diese Sattelzugmaschine des Typs MAN TGA 18.360 (18.363 FLS), Indienststellung 2002

löschfahrzeug ist der „KME Panther II MFD“ mit KME-Aufbau. Das erste Exemplar wurde 2011 in Ramstein in Dienst gestellt.

Die Tanklöschfahrzeuge werden von einer Drehleiter ergänzt. Auf der Ramstein Air Base steht seit 1994 eine P-21 KME Aerialcat im Einsatz. Sie ist ein so genannter „Quint“, also ein Kombinationsfahrzeug aus 30-Meter-Drehleiter, 1250-gal-Feuerlöschkreiselpumpe und 150-gal/568-l-Löschwasserbehälter. An den Feuerwachen Vogelweh und Landstuhl innerhalb der KMC sind übrigens ebenfalls noch 23-Meter-Quints vorhanden. Die zweiachsigen Fahrzeuge aus dem Jahr 2003 sind neben dem Hubrettungssatz noch mit einer Feuerlöschkreiselpumpe, einem 1700-l-Löschwasserbehälter und einem 189-l-Schaummitteltank ausgestattet.

Ergänzend steht in Feuerwache 1 seit 2009 ein P-30 Rescue Truck. Dieser Rüstwagen wurde von Pierce auf einem Freightliner-M2-Fahrgestell aufgebaut. Der bisher genutzte R-28 Rescue Truck aus dem Jahr 1996 auf Basis eines Pierce Arrow mit Pierce-Aufbau wurde von den Feuerwehrangehörigen 2011/12 in Eigenleistung zum Gerätewagen Gefahrgut (HazMat Unit) umgebaut.

Als Ergänzungsfahrzeuge stehen den Feuerwehrangehörigen drei baugleiche Kommandowagen auf Basis des Ford Explorers, vier Ford-Pick-Up und eine MAN-Zugmaschine zur Verfügung. Der MAN TGA 18.360 (18.363 FLS) dient als Zugmaschine für die zahlreichen Anhänger der Feuerwehr sowie bis 2011 auch als Zugmaschine für die als Auflieger gestaltete Brandübungsanlage „Flugzeug“.

Besonderer Dank für die Unterstützung gilt Deputy Fire Chief Peter A. Stuhlmüller und der gesamten Mannschaft des Ramstein Air Base Fire Departments.

Fordern Sie unser Gesamtverzeichnis an mit Büchern über **Autos**, **Motorräder**, **Lastwagen**, **Traktoren**, **Feuerwehrfahrzeuge**, **Baumaschinen** und **Lokomotiven**:

Verlag Podszun Motorbücher GmbH
Elisabethstraße 23-25, 59929 Brilon
Telefon 02961-53213, Fax 02961-9639900
Email info@podszun-verlag.de
www.podszun-verlag.de

Dokumentation der Fahrzeuge und der Unternehmen. Bilder von allen Seiten.

296 Seiten, 980 Abbildungen
28 x 21 cm, fester Einband
Bestellnummer **537** EUR **39,90**

Die Geschichte von Kiener und ihren Büffel-Raupen mit allen jemals gebauten Typen.

180 Seiten, 420 Abbildungen
28 x 21 cm, fester Einband
Bestellnummer **661** EUR **29,90**

Vergangenheit und Gegenwart des größten Kranverleihers und Schwerlastspediteurs am Rhein.

180 Seiten, 460 Abbildungen
28 x 21 cm, fester Einband
Bestellnummer **602** EUR **29,90**

Geschichte und Fahrzeuge der 20 Berufs- und hauptamtlichen Freiwilligen Feuerwehren.

128 Seiten, 260 Abbildungen
28 x 21 cm, fester Einband
Bestellnummer **440** EUR **19,90**

Umfassende Chronik aller VW-Typen, die bei Feuerwehren im Einsatz sind.

182 Seiten, 480 Abbildungen
28 x 21 cm, fester Einband
Bestellnummer **416** EUR **29,90**

Dokumentation aller 88 Geräte der einzigartigen und längst legendären Kranfamilie.

180 Seiten, 510 Abbildungen
28 x 21 cm, fester Einband
Bestellnummer **588** EUR **29,90**

Geschichte des traditionsreichen Unternehmens mit allen Fahrzeugen und der Technik.

144 Seiten, 290 Bilder
24 x 17 cm, Leinenbroschur
Bestellnummer **644** EUR **14,90**

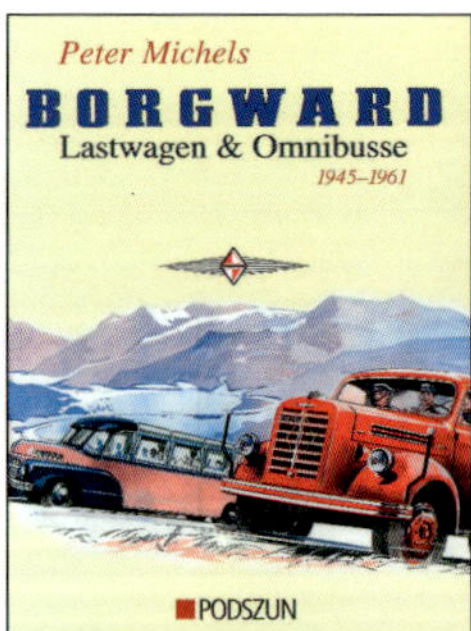

Erstmals alle Borgward Lastwagen und Omnibusse sowie die Sonderaufbauten.

220 Seiten, 550 Abbildungen
28 x 21 cm, fester Einband
Bestellnummer **456** EUR **39,90**

Chronik der Bölling Firmen von 1926 bis in die achtziger Jahre mit allen Fahrzeugen.

160 Seiten, 480 Abbildungen
28 x 21 cm, fester Einband
Bestellnummer **497** EUR **29,90**

Die vielseitig einsetzbaren Krane bei Ihrer Arbeit inklusive Technik und Maßzeichnungen.

168 Seiten, 400 Abbildungen
28 x 21 cm, fester Einband
Bestellnummer **646** EUR **29,90**

Zahlreiche Fotografien und viele andere Dokumente des legendären Krupp Titan.

144 Seiten, 290 Abbildungen
24 x 17 cm, Leinenbroschur
Bestellnummer **616** EUR **14,90**

Prospekte, Datenblätter, Maßzeichnungen, Testberichte und eine Menge unbekannter Fotos.

144 Seiten, 285 Abbildungen
24 x 17 cm, Leinenbroschur
Bestellnummer **647** EUR **14,90**

Spektakuläre Schwertransporte aus den 1980er und 1990er Jahren und die interessantesen Fahrzeuge.

144 Seiten, 270 Abbildungen
24 x 17 cm, Leinenbroschur
Bestellnummer **581** EUR **14,90**

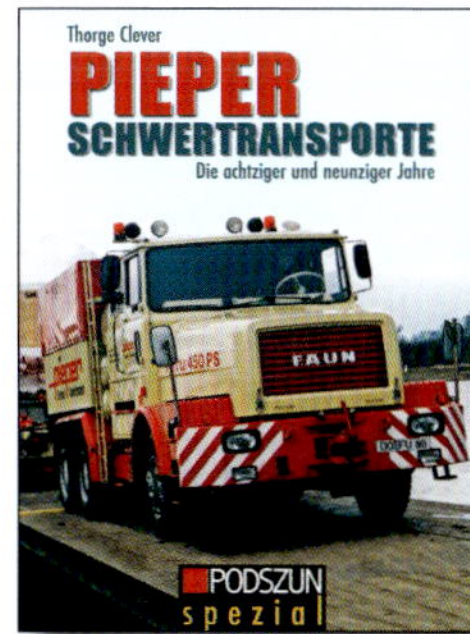

Kurzgefasste Geschichte und spannende Schwertransporte aus den 1980er und 1990er Jahren.

144 Seiten, 285 Abbildungen
24 x 17 cm, Leinenbroschur
Bestellnummer **615** EUR **14,90**

Die atemberaubende Technik der TII-Gruppe, des weltweit führenden Schwerlastspezialisten.

180 Seiten, 550 Abbildungen
28 x 21 cm, fester Einband
Bestellnummer **557** EUR **29,90**

Die Geschichte der Iveco Magirus Feuerwehrfahrzeuge von 1975 bis heute.

176 Seiten, 370 Abbildungen
28 x 21 cm, fester Einband
Bestellnummer **561** EUR **29,90**

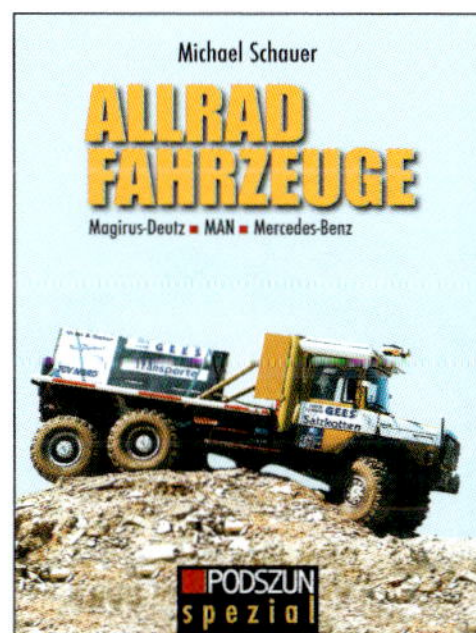

Allradfahrzeuge mit drei oder vier Achsen, die man nicht alle Tage zu sehen bekommt.

144 Seiten, 290 Abbildungen
24 x 17 cm, Leinenbroschur
Bestellnummer **564** EUR **14,90**

Die besten Fotografien aus dem Weinbach-Archiv zeigen mehr als 100 Jahre Gottwald-Historie.

160 Seiten, 490 Abbildungen
28 x 21 cm, fester Einband
Bestellnummer **474** EUR **29,90**

Entwicklung der Ladekranfahrzeuge von der einfachen Hubhilfe bis zum 150 m/to Schwerlastkran.

144 Seiten, 320 Abbildungen
28 x 21 cm, fester Einband
Bestellnummer **642** EUR **24,90**

Geschichte und Technik der Turmdrehkrane und faszinierende Bilder spannender Einsätze.

170 Seiten, 510 Abbildungen
28 x 21 cm, fester Einband
Bestellnummer **560** EUR **29,90**

Standardwerk der Werk- und Betriebsfeuerwehren, inklusive Sonderkonstruktionen.

248 Seiten, 1410 Abbildungen
28 x 21 cm, fester Einband
Bestellnummer **389** EUR **39,90**

Besondere Einsätze und techn. Highlights der Schwerlastszene der 1980er und 1990er Jahre.

144 Seiten, 290 Abbildungen
28 x 21 cm, fester Einband
Bestellnummer **591** EUR **24,90**

Im Jahr 2011 nahm die BF Stuttgart dieses als KdoW bezeichnete Führungsfahrzeug in Dienst. Es dient dem Leitungsdienst als Reservefahrzeug. Den Ausbau des VW T5 GP 4motion mit Direktschaltgetriebe übernahm Schäfer *(tho)*